W0238001

# Snoopy
# un chien qui fait du bien

**Sandra Kollender** avec l'équipe
*Plaies et Cicatrisation* de **l'Institut Curie**

# Snoopy un chien qui fait du bien

**SOLAR**

# PROLOGUE

J'adore les chiens. Durant toute mon enfance, j'en ai réclamé un à mes parents. Pas assez fort, visiblement, puisque j'ai dû attendre mes 25 ans et le cadeau d'anniversaire de mon amoureux pour avoir Palmito, le plus adorable bouledogue français que la terre ait porté. Noir avec un plastron blanc, une merveille. Quand il n'était qu'un jeune chiot, on m'arrêtait dans la rue pour me parler. Quel âge a-t-il, il est trop mignon, moi aussi j'en ai un mais il est blanc, est-ce que je peux le caresser ? Les mois passant, je discutais moins mais il faisait toujours sourire. Sa démarche pataude, les bruits de sa respiration, ses grandes oreilles, tout en lui inspirait la joie. Je me souviens de tout. Le poids de son corps, le bruit de ses pas sur le parquet, son air résigné les jours de shampoing. Tout. Lorsque j'étais enceinte, il s'allongeait sur moi et je lui grattais la gorge jusqu'à ce qu'il ronronne. Des souvenirs de douceur animale, de simplicité absolue, d'amour pur que je garde à jamais.

Et puis, Palmito est parti. Je ne pensais plus partager mon quotidien avec un quelconque mangeur de croquettes jusqu'à l'arrivée de Thor et Nykios, deux malinois spécialisés dans la détection de l'odeur du cancer du sein. En effet, en 2018, je fais la connaissance d'Isabelle Fromantin, et nous écrivons ensemble un livre sur KDOG, un projet de recherche autour de la détection du cancer du sein par l'odeur. Ce procédé, développé par Isabelle et son unité au sein de l'Institut Curie, est toujours en cours.

C'est ainsi que je découvre une équipe de soignants passionnés. Je les accueille dans ma vie, je mets le pied dans un monde en pleine révolution et peuplé, déjà, de chiens. Je n'ai pas seulement rencontré une équipe de soignants, j'ai rencontré des chercheurs.

Je me souviens particulièrement d'un soir où nous étions tous réunis sur le toit de la Grande Arche de la Défense pour un événement organisé autour du projet KDOG. Maxime se penche vers moi et me dit tout bas : « Tu vois le monsieur à côté de toi ? C'est le Docteur Zal[1]. Un jour il a regardé un ver marin et il s'est demandé comment l'animal faisait pour respirer sous l'eau et en dehors de l'eau. (Excellente question, n'est-ce pas ?) Alors il a étudié son métabolisme, son hémoglobine pendant quinze ans. Résultat, il a mis au point une méthode de transport d'oxygène thérapeutique. » Là-dessus je hoche la tête sans vraiment saisir la portée de l'information, ce qui n'échappe pas à Maxime qui ajoute en souriant : « En gros, ça pourrait aider pour la cicatrisation, la conservation des greffons, du sang… » J'ai failli m'étouffer. Moi, quand je vois un ver marin, ou plutôt les traces qu'il fait sur le sable, je tape dessus. Ce monsieur, lui, il s'intéresse, il se questionne, il observe, et au bout du compte il se dit que c'est peut-être un moyen de sauver des vies.

Sans aucun doute, il s'agit bien d'un monde nouveau. Un monde où l'on ouvre les yeux, où chaque problème réclame une solution. Un monde où l'on entend : « je

1. Voir le projet de la société Hemarina fondée par Franck Zal.

vais essayer, je vais faire mon maximum ». Ce monde-là, pour moi, est un monde merveilleux.

Ici, l'humain est au centre de tout. Lorsque l'on choisit de dédier sa vie au soin, c'est qu'on a en soi quelque chose qui vous pousse vers l'autre d'une façon très particulière. Cette générosité, en temps, en énergie, en réflexion, en écoute est si rare.

C'est peut-être cette ouverture qui a fait de notre relation de travail une relation d'amitié sincère. Malgré la lourde épreuve du Covid et la charge de travail démentielle qui pesait sur les épaules du corps médical et paramédical à cette époque, j'ai toujours été soutenue, accompagnée. Un petit mot par-ci, une vidéo par-là. Comment tu vas ? Est-ce que tu tiens le coup ? Les petits ruisseaux font les grandes rivières, dit-on.

Quatre ans ont passé, ponctués de bonnes et moins bonnes nouvelles, de cartes de vœux, de photos de vacances, de petits bonjours en passant. Nous étions un peu séparés mais toujours liés.

Le 6 mai 2024, je reçois un texto d'Isabelle. L'équipe souhaite raconter l'histoire de Snoopy et ils veulent le faire avec moi. Alors qui est Snoopy, et pourquoi moi ? Snoopy est un chien de refuge qui a intégré l'unité un an et demi plus tôt. Un chien de refuge dans un hôpital ? Ça, ce n'est pas banal. Mais pourquoi ? Pour qui ? Quand ? Comment ? C'est vrai que les médias ont déjà relaté le sujet, mais toute l'unité s'accorde à dire qu'il est temps d'entrer dans les détails. Alors pourquoi moi ?

Parce que sans confiance on ne peut pas se parler librement, et sans se parler librement on ne peut pas écrire ensemble. Nous voulions un livre polyphonique qui restitue le vécu, la voix et la personnalité de chacun. Pour rester au plus près de leurs mots, j'avais besoin de les entendre, de passer du temps avec eux, de leur poser des questions. En y répondant, ils devaient se livrer et laisser parfois sortir certaines choses qu'ils auraient habituellement gardées pour eux. Ce n'est pas un exercice facile, même lorsqu'on se connaît bien. Quand j'étais dans leur bureau j'étais emportée : le rythme effréné, les rires, la concentration, le travail, la disponibilité, la bienveillance, l'humour, et toujours cette idée que quelque chose de grand se prépare. Quelle est l'influence de la grande Marie Curie dans toute cette histoire ? Est-ce qu'elle imprime son énergie, son talent, sa vision ? Aucune idée. Tout ce que je sais, c'est que cette équipe lui fait honneur.

Snoopy, c'est une aventure humaine et animale. Nous souhaitions parler de ce chien qui collabore avec l'homme et de ce que cette relation révèle en nous, de ce qu'elle peut nous apporter : le bien-être au travail, la diminution du stress, un mental plus fort, une bouffée d'oxygène, un amour inconditionnel… Mais il y a plus.

C'est d'abord l'histoire d'une équipe qui a développé un lien particulier, le genre de connexion qu'on recherche en amitié, en amour ou au travail mais qu'on ne peut pas créer artificiellement et encore moins feindre. Choisir d'intégrer un être moins prévisible, moins autonome, comme membre à part entière est une décision importante qui va leur imposer de se réunir autour de lui et de s'ajuster. Ils devront bouleverser leur quotidien et celui de leurs familles, puis faire des efforts constants pour que la roue ne s'arrête pas de tourner.

S'ils ont tous décidé d'accepter cette insécurité, c'est pour atteindre un but commun : faire sourire, trouver de nouveaux moyens pour améliorer la vie à l'hôpital. Évidemment qu'un chien ne révolutionne pas tout, mais il peut faire du bien à de nombreuses personnes. Leur travail de soignants, c'est aussi ça : innover pour offrir ce petit plus qui fait la différence. Parce que soigner, ce n'est pas seulement dispenser des soins techniques.

À travers ce récit qui court sur environ deux ans, on découvre également de quoi est fait leur métier. Il n'y a pas de miracle. Il y a des joies, des peines, des décès, des souffrances mais aussi des guérisons. Et au milieu, il y a Snoopy qui les aide à faire au mieux.

Snoopy n'est ni un médicament, ni une cure de vitamines. C'est un être vivant. Un être porteur d'une valeur que nous, humains, avons enfouie profondément sous tout un tas de couches : les douleurs physiques, les angoisses, les normes sociales, le passé, l'éducation, la timidité, la peur et que sais-je encore. Cette valeur, c'est la spontanéité. Il est là, présent, dans l'instant. Ce qui est important, c'est ce que nous vivons ensemble, maintenant. Le reste appartient à la minute d'après. Le temps est différent à Curie. Les traitements sont très longs, les journées des soignants passent trop vite, certaines personnes partent trop tôt. Snoopy offre sa douceur sans réfléchir, sans juger, sans hésiter, sans compter. Seule son éducation lui dicte son comportement. Cette spontanéité est aussi générosité car elle ne demande rien en échange.

S'ouvrir à l'autre, c'est ce que fait Snoopy chaque jour. Accepter une caresse furtive, se réjouir d'un long massage, accorder quelques minutes d'attention, offrir un contact chaud, montrer sa gratitude et sa joie, être tout simplement là, parfois sans rien faire. Grâce à lui, certains réapprennent à se parler, à se rencontrer, à voir plus loin que l'écran de leur portable. Grâce à lui, tous se remettent à sourire, naturellement, sans y penser.

L'idée que Snoopy puisse représenter une bulle de joie dans un quotidien pesant est pour moi une évidence ; et ce qui est drôle, c'est qu'il n'est pas nécessaire d'avoir eu un chien pour en convenir. Son histoire est à la fois universelle et singulière. Universelle car, comme Palmito et tant d'autres congénères, Snoopy est un chien aimé de ses maîtres, une source inépuisable d'émerveillement, de rires et de tendresse. Singulière, car on ne croise pas tous les jours un chien auxiliaire de soins.

C'est cette histoire sur la relation unique entre l'homme et l'animal, cette vie à l'hôpital, dure et pourtant joyeuse, ces témoignages du lien entre patients et soignants, récoltés au fil de mes entretiens avec Élodie, Hédi, Isabelle, Marguerite et Maxime, que je vais vous raconter.

Sandra Kollender

## Chapitre 1

# À la rencontre d'une équipe

Raconter « l'aventure Snoopy » est une aventure en soi. Lorsqu'on a la chance de côtoyer Isabelle et son équipe, il faut avant tout se plier à un impératif : le temps. Comme de très nombreux soignants en France, toute l'équipe court après le sablier. Ils doivent être ici et là, aller doucement mais vite, faire bien, et recommencer ailleurs. Vous entamez une discussion, et la porte s'ouvre. Marguerite est appelée pour voir une patiente. Ni une, ni deux, elle enfile sa blouse et me laisse aux bons soins de Maxime. Il se passe moins de deux minutes entre le départ de Marguerite et la sonnerie du téléphone. Maxime doit parcourir un dossier pour répondre précisément à son interlocuteur. Pas de problème, je relirai mes notes en attendant. Élodie sort à son tour mais promet de revenir dans cinq minutes, dix au maximum. Quant à Hédi, elle ne viendra pas, on est mercredi, elle est en pédiatrie avec Snoopy. Isabelle s'excuse, me propose un chocolat et tente de rassembler les pièces du puzzle. Nous discutons tranquillement en savourant cette plage de calme. Il n'en faut pas plus pour faire sonner son téléphone.

On réclame son avis d'experte.

Passer la porte de ce bureau, c'est entrer dans un tourbillon de vie. En prenant un peu de recul, on pourrait croire qu'il s'agit à la fois d'un concert, d'un ballet et d'un vaudeville. Alors pour vous en présenter les acteurs, j'ai choisi de laisser parler Isabelle, car finalement c'est elle qui les connaît le mieux.

# L'équipe

## ISABELLE

### Marguerite, dite Margue, infirmière en pratique avancée

Marguerite a été la première recrutée. Il fallait remplacer Aurélie qui était sur le point de partir, et Irène, qui est anesthésiste et que je respecte à la fois comme grande professionnelle et comme amie, m'avait ouvert les yeux sur cette jeune infirmière récemment arrivée à Curie. Très honnêtement, au début, j'étais un peu réticente. Je la trouvais trop classique. C'est typiquement le genre d'a priori stupide qu'on peut avoir rien qu'en regardant quelqu'un. Tout ce que je déteste. N'empêche que je l'ai observée du coin de l'œil lorsqu'elle passait de service en service dans l'équipe « volante », cette équipe d'infirmières qui remplacent les absents au gré des besoins.

J'ai fini par l'appeler pour m'aider de temps en temps, et j'ai constaté qu'elle était indéniablement efficace, intelligente et compétente. Nous avons discuté. Elle avait déjà une expérience dans la discipline du traitement des plaies dans un autre hôpital. Mais ce qui a fait pencher la balance, c'est son année passée en humanitaire, en Afrique, dans un hôpital psychiatrique. Si elle a tenu là-bas, dans cette spécialité, en voilà une qui doit être bien solide dans sa tête. C'est ce qu'il me fallait pour me seconder, et elle a intégré l'unité Plaies et Cicatrisation. Très vite j'ai compris que mes quelques craintes étaient infondées. Certes elle est classique mais elle a un esprit très libre, ouvert, aucun jugement sur quoi que ce soit. Bref, une fille vraiment bien.

Elle est arrivée quinze jours avant ma remise de Légion d'honneur où elle a rencontré mes parents et la terre entière. Elle m'a vouvoyée pendant quinze jours, puis on a rapidement changé de registre, et maintenant c'est celle qui me met en boîte comme personne.

Marguerite est excellente dans son travail et veille à toujours renouveler ses compétences. Elle est infirmière de plaies et cicatrisation comme nous, et elle a en plus un diplôme d'exercice en pratique avancée qui l'autorise à suivre seule certains patients en faisant l'examen clinique et les prescriptions médicales. Dans le cadre de cette activité d'IPA[2], elle s'occupe des personnes âgées atteintes de cancer, et plus particulièrement des personnes âgées qui ont une plaie.

Sur les cinq jours de la semaine, Marguerite partage son temps entre son activité de plaies et cicat' et son activité d'IPA en onco-gériatrie. C'est assez dense mais elle arrive à faire un peu de recherche en plus. Elle vient de commencer un premier protocole dont elle est responsable et qu'elle a construit elle-même sur les plaies hémorragiques. Donc avec tout ça, elle travaille largement plus que trente-cinq heures par semaine. Franchement, elle ne chôme pas. Elle est même parfois en surchauffe

2. Infirmière en pratique avancée.

parce qu'elle a l'impression, et c'est quelque chose de général depuis le Covid, de ne pas avoir le temps de se poser pour réfléchir.

Elle arrive à 9 heures le matin parce qu'elle n'aime pas se lever trop tôt. D'ailleurs quand elle ouvre la porte en bougonnant, personne n'ose vraiment lui parler. À part Élodie, bien sûr, parce qu'Élo peut tout.

Quand j'ai connu Marguerite, elle faisait partie d'une chorale. Il y a deux ans, elle s'est mise à faire des marathons. Ce n'est pas le même genre. Je pense que ça lui permet d'évacuer le trop-plein, d'avoir quelque chose qui lui vide la tête et qui lui fait du bien physiquement. Parce que, honnêtement, c'est intense. Il y a des journées, et c'est pareil pour nous tous, où tu n'as même pas le temps d'aller faire pipi.

Marguerite a un autre don. Elle réinvente la langue française. Nous intégrons régulièrement de savoureuses créations à notre petit dictionnaire collectif comme « brosser dans le sens de la crème ».

Parfois on la fait marcher en l'appelant Générale, et elle déteste ça. Cela dit, elle maîtrise vraiment bien son boulot. Quand il faut être efficace, quand il y a un peu de stress ou un peu de speed : clac, clac, clac, clac, elle met tout en ordre, et même moi, je ne moufte pas. Quand tu vois qu'elle est dans sa distribution de tâches, tu exécutes et c'est tout.

J'ai beaucoup d'affection et d'admiration pour Marguerite. Beaucoup de confiance aussi. Et dans la confiance qui règne entre nous se niche la capacité à dire simplement si elle n'est pas d'accord. Elle est fiable aussi pour ça, et c'est très précieux.

## Maxime, dit Maximou, infirmier

Maxime a suivi un an après l'arrivée de Marguerite. J'essayais de faire régulièrement les soins avec lui quand je passais dans son service, pour l'observer travailler. Outre sa compétence et son envie d'apprendre, ce qui m'a le plus frappée est l'adoration que les patients avaient pour lui. En le côtoyant plus souvent, j'ai vite compris d'où ça venait. Il est extrêmement attentif à leur bien-être mais également à celui de leurs aidants et de leurs familles. Un détail qui fait toute la différence quand tu t'attaques à une montagne aussi haute et escarpée qu'un cancer.

En fouillant un peu plus son CV, j'ai vu qu'il pratiquait le hockey sur gazon à très haut niveau. C'est ce qui m'a décidée par rapport à d'autres candidatures, car un tel sportif, évoluant dans un sport d'équipe, me donnait l'assurance qu'il était volontaire, tenace, et saurait jouer collectif. J'ai dû patienter six mois avant qu'il puisse être détaché parmi nous, mais je préférais attendre et avoir du solide plutôt que me presser et le regretter par la suite.

Présent cinq jours par semaine, il est le seul à n'avoir qu'une activité : le soin et le traitement des plaies. Il est indispensable d'avoir quelqu'un qui assure une continuité, surtout dans une unité transversale comme la nôtre. Nous voyons des patients qui vont et viennent d'un service et d'un étage à l'autre. Une fois, c'est la radiothérapie, une autre la chimio, la chirurgie ou les soins externes. Nous sommes partout. Il y a le prévu et l'imprévu, et il faut jongler entre les deux. Il faut aussi répondre aux mails des patients et des familles. Ils ont des questions, des inquiétudes, des doutes. Ils attendent des réponses, de l'aide. Un hôpital, c'est vivant. Alors parfois, submergé par le flot continu des demandes, on peut perdre la fluidité et avoir des hoquets. C'est là que Maxime intervient. Lorsqu'une prise en charge rencontre des aléas, qu'il s'agisse de complications ou simplement d'une maman en panne de nounou le jour de la chimio, il sait exactement comment gérer la situation.

Maxime, la première chose qu'il fait en arrivant, c'est regarder les patients qui sont là, ceux qui ne sont pas là, ceux qui vont arriver, ceux qui ont annulé pour toutes sortes de raisons et ceux qui ont été ajoutés. Il va veiller à ce que tout se passe bien pour eux. Je ne parle même pas de soin, mais juste d'attention et de coordination. Ça, c'est son côté à la fois organisé et bienveillant.

C'est également celui qui descend le plus souvent au bloc. En effet, il arrive que les chirurgiens demandent qu'on fasse le pansement, notamment pour mettre de la TPN[3]. Pour lui, c'est facile, parce qu'il est très réactif et qu'il s'entend bien avec tout le monde, quel que soit le secteur de l'hôpital.

Donc tu vois, « la continuité », ce n'est qu'un seul mot, mais c'est énorme. Parce que quand tu travailles dans une équipe comme la nôtre, ça va des chambres du 5e étage jusqu'à la radiothérapie au sous-sol de l'hôpital.

À part ça, c'est le monsieur organisation et rangement de l'équipe. Il dit souvent « je ne suis pas informaticien », parce qu'on a un peu tendance à dire « ça marche pas, Maxime » dès qu'on a un souci avec l'ordinateur. Il ne t'envoie jamais bouler en te disant « débrouille-toi », en

---

3. Thérapie par pression négative. Il s'agit de pansements motorisés qui aspirent l'air de la plaie et accélèrent la cicatrisation. Un peu comme si on la mettait sous vide.

revanche il n'hésite pas à nous renvoyer des « pfff, je sais pas, moi, t'es marrante ! » Une petite ritournelle qui finit régulièrement avec un ticket informatique.

Je pense que Maxime est heureux d'être là, heureux d'être au travail. Il continue de disputer des matchs de hockey tous les week-ends et court avec Marguerite pour l'entraîner. Ils ont fait le marathon de Paris ensemble et s'entendent comme deux frères et sœurs qui se chamaillent en permanence. C'est un binôme hyper équilibré au sein de l'équipe et qui fonctionne parfaitement. Ils passent leur temps à s'envoyer des vannes, c'est assez drôle à voir. Il va y avoir des travaux à l'étage d'ici quelques semaines, et nous allons changer de bureau. Eh bien, il ne faut surtout pas qu'ils changent de place autour de la table. Ils doivent rester voisins. Résultat, je suis installée près d'Élodie, et on a établi des camps qui ne veulent rien dire. C'est un peu « ton côté de la table contre mon côté de la table ». Je sais, c'est de la chamaillerie de gamins, mais quand on arrive à la fin d'une longue journée, il en faut peu pour nous amuser. Néanmoins, il y a quand même ce truc : ils doivent rester assis à côté sinon ça ne va pas.

Depuis quelques années, il est aussi très pris par ses jumelles qu'il aime à la folie. C'est un vrai papa poule. Il leur achète des milliards de cadeaux. Ça lui va très bien d'être papa de deux petites filles comme ça. Elles sont a-do-rables, ses jumelles, adorables.

Même s'il arrive tôt le matin après avoir déposé ses enfants à l'école, sa *to-do list* s'allonge progressivement jusqu'à la fin de journée, et il a beaucoup de mal à la réduire. Il voit énormément de patients à la queue leu leu mais il lui faut absolument sa pause déjeuner, parce que sinon il dit « j'ai faim, j'ai faim », et c'est une catastrophe nationale. Il repart vers 17 heures, va chercher ses filles, et trouve du temps pour faire du sport. Pour lui, ce n'est pas une option ou un hobby, c'est fondamental. Il en a véritablement besoin pour se sentir bien.

Et enfin, Maxime a un pouvoir magique. Il fait tomber la pluie. D'accord, c'est un raccourci, mais la vérité c'est que dès qu'il se met à pleuvoir tu peux être sûr que c'est un jour où Maxime garde Snoopy. Par exemple, aujourd'hui, c'est la mousson, et qui a Snoopy ? Maxime ! Cela dit, comme il est toujours hyper bien organisé et prévoyant, il a toujours son pantalon imperméable et son ciré à portée de main. Ah ! oui, j'oubliais, il est normand.

## Hédi, dite Hédi Chabibi, pédicure-podologue

Son recrutement était un challenge, car il fallait trouver les fonds pour ce poste qui n'existe nulle part ailleurs. Pourtant, je suis convaincue de l'importance d'une pédicure-podologue dans un centre de lutte contre le cancer. Pourquoi ? Parce que nos traitements induisent bien souvent des problèmes cutanés, notamment au niveau des mains et des pieds. Offrir cette compétence à tous les patients, sur site, était un investissement rapide et direct pour une meilleure qualité de vie au quotidien. Grâce à un partenariat avec Naos Bioderma, Hédi a pu s'installer à temps plein dans l'équipe, au grand bonheur des patients.

C'est un personnage singulier, notre Hédi, et pas seulement à cause de sa profession. Quand on dit « podologue » ça n'évoque rien de particulier, et pourtant dans un hôpital ça a son importance parce que le rapport au patient est complètement différent. Notre spécialité de plaies et cicatrisation nous conduit à faire des soins qui peuvent être lourds, sur des plaies parfois complexes. On peut aussi avoir affaire à un pronostic vital engagé. Par exemple, ce matin, on va s'occuper d'une patiente avec des hémorragies. Eh bien il arrive qu'on ignore si on pourra arrêter une hémorragie. Donc le niveau de stress est immense pour tous, même si on a l'habitude et qu'on fait tout pour que la patiente ne le ressente pas.

Nos soins vont cibler la maladie elle-même. Ils vont toucher au sein, au sacrum, à l'anus, aux testicules, à la verge, enfin plein d'endroits intimes, et même au visage. C'est très particulier. Forcément, le ressenti des patients est différent lorsqu'ils ont des toxicités[4] aux mains et aux pieds (même si les pieds, tu marches dessus et les mains tu t'en sers tout le temps), et le discours s'en ressent. Les gens ne parlent pas de la même manière à Hédi qu'à nous.

Hédi, c'est une boule de compassion et d'écoute. Les patients en sont fans. Elle est ultra-humaine et peut s'écrouler dans le bureau quand ils ne vont pas bien. Alors oui, parfois elle a du mal à gérer ce qu'on appelle la « distance professionnelle pour se protéger », donc il lui arrive d'être très triste. En gros, elle se le prend en pleine poire mais ça en fait un personnage tout rond et plein d'humanité.

D'un point de vue professionnel, elle cherche toujours à aller de l'avant. Elle a fait un master et un DU[5] difficile en biostatistiques. Puis elle a voulu entrer en thèse. Pour

4. Ici la toxicité désigne les effets secondaires des traitements anti-cancéreux. Ils peuvent notamment être cutanés.
5. Diplôme universitaire.

être honnête, je lui avais déconseillé parce que c'est énormément de travail. Elle a deux ados dont elle s'occupe beaucoup. Mais c'est une tenace, et quand elle a une idée en tête, tu peux te rouler par terre, tu peux faire tout ce que tu veux, elle ira jusqu'au bout, quitte à bouffer de la terre. Donc là, je suis sa directrice de thèse et je suis très fière d'elle car je vois les efforts incommensurables qu'elle fait pour y parvenir… et ça fonctionne. Elle est tellement déterminée que, à certains moments, c'est comme quelqu'un qui se jette dans le grand bain sans savoir nager. Si Hédi a décidé de traverser la piscine, elle va y arriver, peu importe comment.

Elle a aussi une particularité amusante : elle est fan de la reine Élisabeth d'Angleterre. Les chemises à petits cœurs, c'est déjà très limite, mais quand elle arrive avec celles qui sont imprimées à l'effigie de la reine, je craque. On en rigole quand on est tous les cinq, mais ça me fait bondir quand il y a des journalistes. Évidemment elle prend un malin plaisir sur certains Teams à arriver avec sa chemise *Queen of England*. Elle a également des milliards de petites Élisabeth qui font coucou sur son bureau. Quand la reine est morte, ça a été un drame ; et si tu veux avoir des nouvelles fraîches de la famille royale, tu lui demandes. À part ça, elle adore les licornes. On en a une qui fait de la musique dans le bureau et qu'on active en cas de grand stress.

En pratique, son boulot, comme elle est en deuxième année de thèse, c'est : les trois premiers jours de la semaine à Curie, et jeudi, vendredi à la fac de Créteil (l'UPEC), qui est aussi ma fac de rattachement. Ses journées sont denses. Entre son travail universitaire et les patients qui adorent ses soins, elle croule sous les demandes. Je suis souvent obligée de limiter et de rappeler qu'elle est là pour les grosses toxicités et pas pour faire de la pédicurie ou de la manucure. Mais elle ne dit jamais non. Particulièrement quand il y a des personnes âgées qui arrivent avec des ongles de pieds qui font quatre centimètres, super épais, qui tournicotent, avec des champignons en dessous. Dans ces cas-là, elle se débrouille toujours pour prioriser le patient.

C'est notre petite guimauve dans l'unité, et elle nous fait du bien parce que c'est une vraie, vraie sentimentale. Pour ce qui est de l'âge, c'est moi la plus vieille. Donc moi, je suis « la vieille ». Quant à Élo, Maxime et Marguerite, ils ont tous à peu près la trentaine. Au début, ils appelaient Hédi la « mi-vieille ». Maintenant qu'ils ont dépassé les 35 ans, curieusement ils ont arrêté. En plus, depuis peu, nous avons Laure à mi-temps, et elle est plus jeune qu'eux, donc ils vont vraiment devoir trouver un nouveau jeu !

## Élodie, dite Élo, infirmière en chirurgie digestive

Nous connaissions déjà bien Élodie avant qu'elle n'arrive dans l'équipe car elle s'était formée au traitement des plaies en passant comme nous tous le DU Plaies et Cicatrisation. Elle est venue me suppléer, car les recherches et l'enseignement me prennent trop de temps, et a su rapidement trouver sa place dans l'équipe.

Elle est stomathérapeute, mais entre nous, on dit « stoma ». Elle s'occupe de patients qui ont des stomies, c'est-à-dire des dérivations des urines et des selles qu'ils ne peuvent pas évacuer par les orifices naturels. Elle suit également les patients chez qui la vessie ou le rectum ne fonctionnent pas correctement.

Donc Élo a une double activité : « plaies et cicat' » et « stoma ». Et même une triple activité, parce qu'elle s'occupe aussi des problèmes de sexualité chez les patients qui ont des cancers digestifs ou gynécologiques.

Ses patients « stoma » lui demandent beaucoup de temps. Non pas qu'ils soient plus compliqués mais parce qu'il va falloir prendre le temps de les accompagner, de les écouter et de les rassurer. Pour les plaies chroniques, on peut apprendre au patient à faire ses soins pour qu'il soit moins dépendant de l'infirmière. Chez les patients avec une stomie, c'est un peu pareil, sauf qu'en plus cela touche à leur physionomie, à leur corps et surtout à leur intimité. Il faut les aider à se réadapter en devenant indépendants, c'est pour cela que son travail pédagogique est indispensable.

Quand on parle d'onco-sexualité, il faut s'imaginer une personne, peu importe son âge, qui a vu son corps changer et qui doit dorénavant porter une poche en permanence sur le ventre. Ce n'est pas pour autant qu'elle doit renoncer à une vie sexuelle ou à toute forme d'intimité. Alors il faut vraiment s'en occuper d'une façon particulière. C'est pour cela qu'Élodie a créé une consultation dédiée à ces patients pour leur offrir un espace où ils reçoivent des conseils et des soins mais où, aussi, ils se sentent libres d'aborder leurs problèmes ; car Élo a cette faculté de parler simplement et de mettre à l'aise, tout en restant toujours professionnelle.

Contrairement aux autres, Élo travaille en quatre jours de dix heures et elle a du mal à se dire qu'il vaudrait mieux passer en cinq jours plus courts. Pourtant, quand elle arrive le mardi, elle doit rattraper tous les appels du lundi et elle commence sa semaine sur les chapeaux de roues.

Pour se défouler de ses semaines bien chargées, elle fait de la boxe deux fois par semaine. Chacun a ses petits trucs.

Élo, c'est un rayon de soleil. Elle est très drôle, elle peut chanter, danser, faire beaucoup de blagues, tout en étant toujours prête à rendre service. C'est dynamique, dans une équipe, d'avoir quelqu'un comme elle. Élo, c'est celle qui va réussir à te faire marrer même au moment le plus sombre. Et puis, ce n'est pas seulement faire rire ; elle diffuse quelque chose de très heureux et de très léger. Elle est de ces personnes qui vous font sourire par anticipation lorsqu'elles arrivent. Elle a cette grande force.

# Isabelle

## L'ÉQUIPE

Par quoi commencer ? Isabelle a tellement de facettes : cheffe d'équipe, cheffe de tribu, chercheuse, maman, soignante. Pas facile de prioriser.

Commençons par Isabelle la soignante. Pourquoi ? Parce que c'est ce qui la pousse, la guide et l'anime depuis toujours. Elle est chercheuse et docteure en sciences mais avant tout infirmière. Son emploi du temps est hyper chargé. Elle donne des cours, participe à des conférences, encadre des thèses… Mais quoi qu'il arrive, elle assure ses consultations du mercredi matin. Ce temps n'est jamais remplacé. Voir les patients est l'essence de son métier mais c'est aussi une inspiration pour ses travaux présents et futurs. Elle nous répète souvent qu'on ne peut pas avancer sans la clinique. Et c'est vrai. Lorsque nous sommes arrivés dans l'unité, elle nous a tenu à tous le même discours sur la façon de prendre en charge les patients et de s'adapter à eux, peu importe qui ils sont, d'où ils viennent, quelles sont leurs valeurs ou leurs croyances. Que ce soit à Curie ou dans les dispensaires d'Afrique dans lesquels elle se rend régulièrement pour former des soignants. Tout le monde doit être traité équitablement. En tant qu'infirmiers, c'est une disposition qu'on a déjà naturellement mais le combat contre l'inégalité fait véritablement partie de son âme. Sa bienveillance va bien au-delà du soin.

Isabelle est aussi cheffe d'équipe. C'est une manager hors pair, qui fait en sorte que ça roule et que tout le monde s'entende bien. « L'équipe » est un mot très important. Elle a su faire de notre bureau un véritable cocon, un lieu essentiel où l'on travaille, fait des rencontres, réfléchit, débriefe, et surtout où l'on rit… beaucoup. Elle sait instaurer la confiance, nous donner l'autonomie nécessaire pour progresser chacun à son rythme, tout en restant un guide et un soutien. Chacun y trouve sa place, même Snoopy. Elle va également se poser en rempart si l'un de nous est injustement contredit dans son travail. Sa façon de nous pousser vers le meilleur de nous-mêmes fait que, en retour, nous cherchons à ne jamais la décevoir. Elle donne envie de bien faire.

On est tous assez différents. Elle nous connaît bien. Elle est attentive, à nous, à nos familles. Si l'un de nous a un problème, elle va demander ce qu'il se passe aux autres, tenter de le régler, d'anticiper pour qu'il ne se reproduise pas. Si on a un souci perso, elle est là aussi. L'équipe est soudée. On n'est jamais seuls.

Une des seules personnes qui peut chambouler son emploi du temps, c'est son fils, Gaétan. Il est au centre de tout. On aura compris que sa charge de travail est énorme mais dès qu'elle peut passer un bon moment, partager une activité avec lui, elle fonce et va tout organiser pour se rendre disponible.

Avec tout ça, on pourrait croire qu'Isabelle n'est que travail et organisation. C'est totalement faux. Comme nous tous, elle fait des pauses. D'ailleurs on appréhende un peu ses retours de vacances ou simplement ses rendez-vous chez le coiffeur car elle en revient toujours avec de nouvelles idées à explorer !

Elle aime envoyer des vannes et en recevoir. Ça ne la gêne pas du tout, bien au contraire. Elle est la première à partir en vrille dès que c'est possible. L'humour est aussi un membre de l'équipe et il nous aide bien au quotidien.

Les temps de consultations sont des temps plutôt sympas. Elle sait mettre juste ce qu'il faut de légèreté pour que ça se passe bien. Ça détend tout le monde, c'est chouette.

Et puis elle a un truc. Parfois elle dit que Snoopy a sa tête d'âneries (pour être poli), eh bien comme par hasard, ces jours-là, elle sort aussi sa tête d'âneries. Et on peut dire qu'elle ne manque pas de ressources.

Elle est incapable de lui résister. Totalement incapable. Alors que c'est une femme concentrée, rigoureuse, toujours dans les clous, qui anticipe tout, quand elle s'approche de Snoopy, elle perd complètement les pédales. Ce renversement de situation instantané est assez comique à voir. Elle lui donne un max de friandises, le caresse, lui parle avec une voix aiguë… C'est dingue. D'ailleurs quand elle le prend en télétravail, elle devient son esclave ! Il a parfaitement compris qu'il peut en faire ce qu'il veut et en profite à fond. Il lui fait ses petits yeux de chien malheureux, et elle craque en deux secondes. Elle le sort au moins dix fois par jour. Parfois il va trois fois en forêt dans la même journée ! Néanmoins elle n'est pas dupe. Elle nous a déjà dit plusieurs fois : « Je dois absolument partir, s'il me regarde maintenant, c'est foutu. »

Pour résumer, Isabelle est une sorte de maman poule pour le groupe. Elle crée du lien, rassemble, et ne compte jamais ton temps quand il s'agit de donner pour les autres. C'est une femme ouverte. Sur la personne qui lui fait face mais aussi sur le monde. Elle est curieuse, volontaire, accueillante, pédagogue, généreuse et très drôle.

Dans l'équipe, on a une devise : « Force et Honneur ». Je crois que ça résume parfaitement notre engagement au quotidien. Nous avons aussi une petite expression : « Avant nous étions unis, maintenant nous sommes liés. » C'était vrai avant Snoopy et ça l'est encore plus maintenant.

Chapitre 2

# Toutouf, l’ami imaginaire

# Hédi téléphone maison

## HÉDI

J'ai vécu le Covid en télétravail à la maison. Par chance, nous avions emménagé dans un grand appartement l'été précédent, ce qui nous a permis d'avoir de la place et donc de la sérénité.

Sur le coup, je dois avouer que c'était un peu dur de ne pas pouvoir aider l'équipe mais avec le recul je pense que j'ai bien fait d'être là pour mon mari et mes deux enfants, Titouan et Lou-Anne. On ne peut pas être partout, c'est ça le truc. Titouan était en CM2, et Lou-Anne, en CE2. C'est là que j'ai découvert le travail incroyable des enseignants. Apparemment ce n'est pas inné, d'être prof. Quelle galère ! Cela dit, dans l'ensemble, on peut dire que je m'en sortais assez bien avec les différents programmes. Je n'imagine même pas la honte si j'avais calé sur les devoirs de CE2 ! Non, le problème, c'était plus les tables de multiplication. C'était déjà pénible quand j'étais petite, eh bien c'est toujours aussi insupportable. Pour eux comme pour moi d'ailleurs. Et puis il faut être patiente quand tu expliques des notions que tu as toi-même du mal à comprendre. Ça change tout le temps. Donc tu lis le truc, tu essayes d'intégrer le concept ; pendant ce temps, tes enfants en profitent pour se lever, aller faire les zozos dans le salon ou ailleurs ; toi, tu les rappelles, tu leur expliques, et ils comprennent une fois sur deux. Tout ça prend des heures, et pendant ce temps tu ne peux pas travailler. Sans compter que les profs te donnent un planning géant qui correspond à une journée complète de classe. Non vraiment, jouer à la maîtresse ce n'est pas du tout ma vocation.

Pendant cette période, je découvre les outils Teams et Zoom. Très clairement, ni les adultes, ni les enfants n'étaient formés pour ces machins-là, et au début, c'était un peu acrobatique. On avait l'école en Zoom, les réunions en Teams… Pas facile, mais c'est comme tout : on apprend. Avec le recul je me demande presque comment on faisait avant. C'est tellement pratique.

À côté de ça, je m'étais fixé un objectif. Avant le confinement, j'avais commencé à écrire un article sur les effets des traitements anticancéreux sur la peau (c'est d'ailleurs le sujet de ma thèse). Puisque je travaillais différemment et que je passais moins de temps dans les transports, je me suis dit que c'était le bon moment pour mettre le turbo et finir ce projet. Ça fait bizarre de dire ça, mais c'était assez sympa en fait. J'ai pris des contacts intéressants dans le milieu de ma recherche. Ceux qui n'étaient pas sur le terrain étaient assez disponibles, et j'ai pu avancer assez vite finalement.

D'une manière ou d'une autre, j'avais besoin de rester avec l'équipe et je les appelais tous les soirs. J'alternais pour prendre des nouvelles de chacun. Un jour c'était Isa, le lendemain Maxime, puis Élo ou Marguerite, etc. Loin des mains mais pas du cœur. Et puis il y avait les fameux défis « danse » organisés par Marguerite. Elle écumait les réseaux sociaux pour trouver des chorégraphies que l'on reproduisait tous ensemble le lendemain. J'ai plusieurs fois mêlé Lou-Anne à nos délires. Pour notre plus grand bonheur à tous d'ailleurs.

# Comment

## MARGUERITE

Quand le Covid a commencé, on venait d'emménager dans notre nouveau bureau, et le premier jour du confinement, Élodie a intégré l'équipe. Sacré démarrage ! Ce bureau était beaucoup plus grand que le premier, on n'avait pas encore tous nos ordinateurs, donc il restait pas mal de place sur la grande table centrale. Ça tombait parfaitement bien parce que cette pièce allait devenir notre deuxième maison, et on aurait besoin de s'étaler pour se sentir bien. C'est sur cette table qu'on a mangé, joué aux cartes, posé nos tasses et nos petits objets. Bref, c'est grâce à cet espace qu'on a fait de notre bureau NOTRE bureau. Hédi a mentionné les challenges de danse le soir, et j'avoue qu'à cette occasion on a parfois débordé sur le couloir.

Évidemment on n'a pas utilisé Zoom que pour faire les andouilles sur la lambada. Une de nos priorités était de garder le contact avec les patients. On le savait, beaucoup auraient peur de se déplacer à l'hôpital, et nous redoutions vraiment que certains s'isolent, voire refusent de venir se faire traiter, ou alors arrivent trop tard. D'ailleurs, on a tourné quelques vidéos visibles sur YouTube pour donner des conseils de soins (exemples : que faire en cas de radiodermite[6], quels exercices physiques pour les personnes âgées, etc.).

Forcément, il y a eu deux ou trois moments mythiques. Notamment quand Hédi m'a montré comment couper des ongles en visio. Eh oui, ça aussi, ça s'apprend. C'est beaucoup plus technique que prévu et d'ailleurs j'en ai reçu un ou deux en pleine poire. On a également dû faire des consultations à distance. On demandait parfois à nos patients de nous envoyer des photos de leurs plaies, mais malheureusement ils n'y arrivaient pas. On recevait treize fois la même photo qui ne montrait que la manche du peignoir, ou alors on voyait très bien le salon de la vieille dame mais pas du tout la plaie. Ça, ça nous faisait bien rigoler ! Il y avait aussi des moments plus sombres. Quand les patients étaient plus compliqués à prendre en charge ou quand la direction a ouvert les soins intensifs aux malades non suivis à Curie, pour répartir les flux et désengorger les autres hôpitaux. En gros, pendant toute cette période il y avait plutôt une bonne ambiance et une bonne solidarité.

Il fallait être efficace, donc on a un peu fonctionné en « brigade », pour reprendre le vocabulaire des cuisiniers. On se répartissait le travail et les missions au fur et à mesure et en fonction des besoins. Par exemple Maxime avait mis en place un parcours pour orienter les patients au regard de leurs pathologies et de leurs symptômes ; Élodie faisait des remplacements en HDJ[7] de chimio, ce qui n'était pas évident car elle venait de la chirurgie ;

---

6. La radiodermite est une inflammation de la peau provoquée par les rayons ionisants. Elle intervient après une radiothérapie. Elle peut être aiguë ou chronique.
7. Hôpital de jour.

j'ai fait du brancardage aux Urgences ; Isa et Maxime ont également fait des toilettes en Réa dans le secteur Covid ; j'ai aidé d'autres infirmières en soins externes à effectuer des gestes qu'elles ne maîtrisaient pas encore, et qu'heureusement je n'avais pas oubliés. Bref, on s'organisait au jour le jour, y compris le week-end, en fonction de la demande, tout en gardant de la disponibilité pour nos patients de Plaies et Cicatrisation. Nous avions mis en place un roulement afin d'être toujours deux dans le bureau pour assurer la continuité, et malgré l'intense va-et-vient, ça a bien fonctionné. On répondait aux mails, on aidait nos patients mais également les infirmiers libéraux, en visio ou par téléphone. On était partout, chacun son tour, tout le temps. C'était fatigant mais on ne se posait pas la question, et surtout on se retrouvait le soir dans le bureau pour décompresser.

# Pourquoi

## ÉLODIE

On pourrait parler de mille choses, au sujet du Covid. La répartition des malades, le confinement, la peur, le soulagement, la guérison, mais aussi la mort. On pourrait parler de l'entourage, des familles, des amis et de tout ce qui fait que cette période est réellement une étape clé dans la vie d'un soignant. Tout ça se vérifie aussi bien à Curie qu'au niveau national et même international. Mais il y a des détails qui font la différence. Le diable est dans les détails, parait-il.

Comme dans tous les hôpitaux de France, nous devions porter des combinaisons particulièrement étanches en secteur Covid pour limiter le risque de propagation du virus. C'est très bien pour se protéger, et protéger les autres, mais le mieux devient parfois l'ennemi du bien, et avec la sueur, certains ont fini par développer des problèmes cutanés. Idem sur le visage à cause du masque. Certes ce n'est pas la première fois qu'on portait ce genre d'accessoires, mais le masque en permanence, c'est différent du masque au bloc ou en consultation. Résultat, certains venaient aussi nous voir avec des plaies. Le petit morceau de métal que tu serres et resserres sur l'arête de ton nez, au bout d'un moment, ça fait des dégâts.

Ces blessures ne sont pas que physiques. Elles sont aussi psychologiques. Elles disent : « Je me donne (de façon très spontanée d'ailleurs), je prends cher, et quand tout ça est terminé, c'est comme si rien ne s'était passé. » En effet, ce que les gens déploraient avant ne s'est pas arrangé. C'est même devenu pire : manque de lits, manque de personnel, impossibilité de prendre les patients en charge correctement par manque de place, de temps, de matériel. Résultat on est tous sortis de là avec le moral dans les chaussettes.

Pendant le Covid, on a vu émerger des actions formidables pour remotiver les troupes. Isabelle était à l'origine de beaucoup d'entre elles, mais des gens venus de l'extérieur entraient également en contact avec nous. C'est une période où la solidarité était réellement palpable. Ils voulaient simplement aider, apporter leur pierre à un édifice que tous savaient fragile mais indispensable. Par exemple nous avions de temps en temps des livraisons de plats cuisinés par des chefs. C'était génial, trop bon ! Des marques de cosmétiques ont donné des produits pour les soins de peau, une consultation de dermato a été organisée au pied levé en visio ainsi qu'en présentiel. Toutes ces petites choses mises bout à bout nous ont beaucoup aidés. Là, on était boostés, on n'avait pas le temps de se regarder faiblir ou de penser qu'on allait mal. On était à fond dans notre métier.

On faisait ce qu'on pouvait à notre échelle. On allait voir les collègues dans les autres services, on rigolait avec eux. On faisait des sortes d'intérim à droite, à gauche quand il manquait des bras. Forcément, quand il y avait un cluster quelque part, il fallait remplacer ceux qui étaient malades. Je me suis retrouvée en chimio alors que je n'y vais jamais, mais ça m'a donné l'occasion de parler avec de nouvelles personnes. Ça m'a aussi permis d'apprendre d'autres soins et techniques de soins. Petits stress mais bonne ambiance. Donc en gros, pendant toute la période de la pandémie, on a tenu. C'est après qu'il y a eu ce « truc ».

Tu sais quand tu as une personne renfrognée et que ça tire tout le monde vers le bas ; tout le monde est un peu bougon parce qu'il y en a un qui ne va pas bien. Eh bien là, il y avait toujours une ou deux personnes vraiment de mauvaise humeur dans chaque couloir. Aussi bien les médecins que les infirmières. Tout le monde était concerné. Ce qui était compliqué, c'est quand tu croisais quelqu'un et que la conversation tournait comme ça : « Ah ! coucou, ça va ? — Ouais, bof, ça peut aller. » Il n'y avait jamais un vrai « ça va » ou « ça va, dans le service, c'est cool en ce moment, c'est calme. Viens, on rigole, on parle d'autre chose… » Non, c'était lourd. Vraiment lourd. Alors on essayait de faire en sorte que ce soit plus léger. Pas forcément en tant qu'équipe ou en tant que professionnel qui se sentirait investi d'un devoir au sein de la structure, non on faisait ça en tant qu'être humain.

Beaucoup de paramédicaux ont commencé à démissionner. Partout en France, et aussi chez nous. Le mal-être des soignants est devenu un sujet d'actualité visible. Pas très longtemps, il faut bien le dire, mais la baisse des effectifs a été suffisamment brutale pour qu'on en parle à la télé. D'accord, mais au quotidien, ça donne quoi ? Concrètement ça veut dire des services qui ferment, des patients qu'on ne peut plus accueillir et aussi des collègues qui s'apprécient et qui se séparent. C'est déjà émouvant en temps normal mais après des périodes comme celles-là, c'est particulièrement compliqué.

Les médecins restent mais, par manque d'infirmiers, les soins de nuit ne sont plus assurés. Qui va changer le pansement, qui va donner les médicaments, surveiller l'état du malade si les infirmiers ne sont plus là ? On voit des couloirs éteints, des chambres closes, et quand on pense à toutes les alertes qui ont été lancées, ça fait vraiment de la peine. On avait bien tenté une pétition mais elle est restée sans suite.

Le constat est tranchant. On ne peut pas reprendre notre vie d'avant. C'est raide, parce que quand on se retourne sur cette période, on se souvient des applaudissements aux balcons, de notre statut de héros modernes, et puis finalement, rien. À Curie et dans toute la France, on a fait notre travail, et je pense qu'on a tous donné le maximum sans se poser de question. Je me souviens de ces infirmières en Ehpad qui s'étaient confinées avec les résidents dès le début de la crise. Là, d'accord, on peut parler d'héroïsme. Elles ne voulaient pas les mettre en danger avec des allées et venues ni les laisser seuls pour autant. Résultat : quarante-huit jours sans leurs proches et zéro cas de Covid dans l'établissement ! Waouh ! Et même, plus près de moi, il y avait Maxime qui avait choisi de rester à l'hôpital alors que sa femme poursuivait sa grossesse en Normandie. Il l'a fait pour protéger sa future famille, même si ça les séparait dans un moment important de leurs vies. C'est costaud de se résoudre à ça. Moi, je considère que c'est un acte héroïque, et en plus je sais qu'ils l'ont décidé ensemble. Donc waouh !

encore une fois. Dans les deux cas il s'agit de moments où tu ne penses pas qu'à toi, et franchement, c'est fort.

Et puis quand les services sont regroupés, alors ils sont tous mélangés, et les spécialités aussi sont mélangées. Tu ne retrouves plus tes repères, tu ne peux plus vivre tes journées avec tes collègues d'avant, dans les conditions d'avant, tu as l'impression de ne pas être chez toi. Ça peut paraître bête mais la symbolique compte, dans ces cas-là. Tu dois remplacer ici, faire plus là, changer de planning, etc.

Ensuite, les uns comme les autres finissent par se dire que le Covid est passé, et qu'on t'en demande encore. Sauf que tu pensais avoir déjà tout donné. C'est une accumulation de petites choses. Il y en a qui sont très normales mais quand tu es pris dans un tourbillon de négatif, de tristesse et, il faut bien le dire, de traumatisme, c'est difficile de te sortir de ce climat général. Surtout quand tu vis dans une micro-société comme un hôpital.

Globalement, moi ça allait. Dans notre équipe, on a eu la chance de se soutenir énormément et de trouver des solutions pour passer au travers. Mais on n'est pas en autarcie et on n'a pas pu échapper au retour de bâton général.

Dans le bureau, on avait notre chien imaginaire depuis des mois. Il faisait partie de nos nombreuses astuces pour rêver un autre hôpital. On lui avait même donné un nom : Toutouf. C'est dire à quel point il était présent !

Pour contrer l'ambiance de plomb, on y a évidemment repensé, mais toujours sur le ton de la blague. On se disait que ce serait super si nos collègues avaient un temps pour décharger cette lourdeur : s'ils sont stressés, ils déchargent ; s'ils sont énervés, ils déchargent ; et tout ça autour d'un être mignon, sympa, avec qui tu interagis de manière différente. Tu joues, tu fais des câlins, tu le regardes, tu penses à autre chose. On le voyait comme quelque chose de véritablement efficace et utile mais on n'aurait jamais imaginé que ça puisse aller plus loin.

# L'idée

## ISABELLE

Dans l'unité, on a pris l'habitude de bosser avec des chiens. Depuis le début du projet KDOG en 2016, on est toujours en contact avec, au minimum, une vétérinaire, une éthologue[8], une éducatrice, et/ou un dresseur. Connaître le monde animal ne s'invente pas, alors c'est indispensable d'être bien entouré si on veut faire travailler les chiens dans de bonnes conditions.

KDOG est un projet majeur dans ma vie, et dans la vie de l'unité. Cela fait bientôt dix ans que je travaille dessus, donc j'oublie de le présenter, mais je vais tout de même essayer de résumer.

L'idée de KDOG est de détecter le cancer du sein grâce à l'odeur. Pour comprendre d'où vient cette curieuse idée, il faut d'abord savoir que nous sommes une unité spécialisée dans le traitement des plaies en cancérologie. Quand on a une tumeur, dans la très large majorité des cas, on ne la voit pas. Elle est à l'intérieur du corps. Or, il arrive que la tumeur « s'extériorise ». En langage médical, on dit qu'elle « s'expose à la peau », ce qui correspond mieux à la réalité mais un peu moins à la rigueur de l'Académie française. On appelle ça une « plaie

8. Spécialiste du comportement des espèces animales.

tumorale ». Or ces plaies ont la particularité de sentir parfois mauvais. Vraiment très mauvais. Ce symptôme est une double peine pour les patients. Une épreuve de plus qui mêle la honte à l'isolement.

J'ai donc cherché à développer de nouvelles solutions anti-odeurs. Cependant, avant de développer quoi que ce soit, il fallait comprendre d'où venaient ces odeurs et ce qu'elles étaient vraiment. Je me suis alors aidée de la microbiologie et de la chimie analytique. C'est-à-dire que, avec des chimistes, j'ai cherché à « caractériser » l'odeur. Pour faire court, une odeur est un bouquet qui réunit plusieurs COV[9], et grâce à la chimie analytique, on peut les isoler. En les additionnant, on arrive à une sorte de « carte d'identité » de l'odeur. C'est la caractérisation.

À l'issue de ce travail, j'ai soutenu une thèse, développé un nouveau pansement à la cannelle, et également lancé l'hypothèse qu'il serait peut-être possible de détecter le cancer par les odeurs. Pourquoi ? Car au cours de ces analyses, nous avons trouvé quelques COV qui ne semblaient émis ni par les bactéries, ni par les pansements. D'où l'hypothèse qu'ils puissent être émis par la tumeur elle-même. Avec l'équipe nous en avons fait un projet baptisé KDOG. Le K pour signifier le cancer, et « dog » pour chien.

Attention, cela ne veut pas dire qu'on a tout à coup abandonné la chimie pour nos amis à quatre pattes. Au contraire, vétérinaires, chimistes, cynophiles, pathologistes et autres scientifiques de haut vol ont conjugué leurs expertises pour réfléchir plus librement sur cette

---

9. COV : composé organique volatil.

drôle d'idée. En menant en parallèle des travaux avec des chiens de détection et de la chimie analytique, nous augmenterions nos chances d'y arriver.

Alors non, il ne s'agit pas d'envoyer des chiens dans les hôpitaux pour renifler les seins des patientes. Cette question m'a été posée de nombreuses fois. Le concept initial de KDOG était de faire dormir les femmes pendant une nuit avec des compresses stériles posées sur les seins. Ces compresses étaient envoyées à Curie, mises en bocaux, puis acheminées au centre de détection canine, à Champvoisy dans la Marne.

Aujourd'hui, KDOG évolue et continue. L'équipe a démontré que les chiens pouvaient détecter le cancer du sein à partir de la sueur. En revanche, comme les chiens sont des êtres vivants et qu'ils n'ont pas toujours envie de jouer à renifler le cancer, leurs résultats sont trop variables pour pouvoir être utilisés en dépistage courant. Après tout ce long travail, on aurait pu être démoralisé par ce constat. Mais pas du tout. Ce qu'il faut voir, c'est l'immense cadeau que nous ont fait les chiens : celui de démontrer que c'est possible. Un jour, nous arriverons à faire aussi bien qu'eux avec des « truffes électroniques ». Pour cela il ne nous reste plus qu'à caractériser l'odeur du cancer… en chimie analytique.

Bref, c'est comme ça que nous avons commencé à collaborer avec le monde canin. À l'époque, nos amis à quatre pattes s'appelaient Thor, Nykios et Milou. Thor et Nykios étaient deux splendides malinois, une race très utilisée en détection. Si leurs semblables sont généralement affectés à la recherche de drogue et d'explosifs, c'est tout simplement à cause de leur apparence. Dans un aéroport, le caractère dissuasif fait également partie du job. Milou, lui, était un springer. Deux fois moins grand que ses copains de classe, il sautait partout quand on lui envoyait la balle après les séances de détection. Ses oreilles flottaient au vent. Il était adorable. Puis nous avons eu deux labradors : Nougaro et Prince. Physiquement ils n'ont rien à voir les uns avec les autres et pourtant ils ont un point commun : ce sont tous des champions de la détection, de la discrimination des odeurs. Même si leur mission était scientifique, nous pensions à eux avec beaucoup d'affection. À Curie on s'inquiétait de leur santé, de leur humeur, on échangeait sur leurs performances et leurs apprentissages, et en repartant de Champvoisy, nous les quittions chaque fois à regret.

Au moment où le virus s'installe, nous sommes contraints d'arrêter tous les essais cliniques. La mobilisation est totale à l'hôpital, et le confinement empêche le travail des chiens au centre d'entraînement. Didier, notre cynophile, nous donne souvent des nouvelles mais le rythme change, et nous ne pouvons plus faire d'escapade pour voir les chiens. Le centre est à des kilomètres de Paris, et je suis mobilisée avec toute l'équipe pour soigner les patients qui se pressent chaque jour aux Urgences ou en salle de soins.

Heureusement notre unité est très liée. Quand on travaille dans un hôpital où le cancer est omniprésent et où la mort s'invite trop souvent, il est indispensable de savoir parler et rire de tout sinon on ne s'en sort pas. Et durant la période Covid nous avons beaucoup ri. Pourtant ce n'était pas évident.

Mon fils n'était pas avec moi, et Maxime attendait la naissance de ses jumelles sans savoir s'il pourrait y assister ou non. Néanmoins il venait chaque jour avec le souhait de faire au mieux, comme tous les autres soignants sur le terrain à cette période. J'avais le cœur tout fripé de le voir si loin de l'événement le plus marquant de sa vie. Finalement, il a pu accueillir ses bébés. Une joie immense pour nous tous.

C'est après que ça s'est corsé. Il a fallu reprendre la vie « normale », écouter les histoires de muffins en famille, de confinement relax à la campagne alors que plusieurs d'entre nous vivaient dans des deux-pièces. Merveilleux. Il a fallu aussi pallier le manque de personnel après les défections dans les autres services, recommencer les conférences en présentiel mais cette fois face à des demi-visages, etc. Malgré cette liberté retrouvée, il y avait comme un épais voile de morosité qui flottait partout, et l'air devenait peu à peu irrespirable.

Je suis une personne très positive, je crois en ma bonne étoile. Ma double casquette de soignante et de chercheuse me répète comme un mantra : « Chaque problème a une solution, il suffit juste de la trouver. » Sauf que là, très clairement, on commençait à s'enfoncer, et cette solution devait arriver vite sinon ça deviendrait l'enfer.

On voulait apporter de l'humanité, du sourire, de la légèreté, mais à notre façon, en prenant des chemins de traverse. Non pas qu'on veuille absolument se démarquer, mais on pense comme ça : « en dehors de la boîte », comme diraient les Anglo-Saxons. C'est un peu notre marque de fabrique.

C'est là qu'on a eu l'idée du chien. Au début, c'était comme une blague, les soirs où on craquait. KDOG nous avait amenés à rencontrer les formidables équipes qui éduquent les chiens d'assistance : chiens d'aveugles, handi-chiens ou encore Acadia qui dresse des chiens pour les enfants diabétiques. Les services, mais aussi cette attention et cette affection du chien envers ceux qu'ils accompagnent, nous faisaient envie. Nous aussi, on aurait eu besoin de notre chien d'assistance. Alors on partait dans des délires avec Toutouf, notre chien imaginaire. Rien que de le matérialiser, lui donner un nom, ça nous faisait du bien. Il existait déjà un peu. Je présume que c'est comme l'ami invisible des enfants. N'empêche que ça nous a aidés à patienter.

# La réunion

## MARGUERITE

En septembre 2021, la direction de l'hôpital change. Le Covid est à peu près derrière nous, et les nouveaux dirigeants font aussitôt le tour des services pour évaluer les besoins de chacun. Ils semblent à l'écoute. De notre point de vue, c'est très positif car c'est signe de mouvement. Nous entendons régulièrement parler de ces entrevues où chacun demande des moyens, des postes, ou que sais-je encore. On sait qu'ils sont allés visiter les Soins intensifs, on a des petits retours ici et là, et même si nous ne connaissons pas encore la date prévue pour notre rencontre, c'est assez encourageant. Nous attendons tranquillement notre tour, d'autant plus qu'on sait qu'Isabelle les a déjà vus. Malgré la fatigue de ces mois intenses, nous allons bien. Nous sommes toujours au complet, et notre organisation est plutôt solide. De ce fait, ils n'ont aucune raison de se précipiter chez nous.

Nous recevons le fameux message en septembre 2022 : la direction passera lundi. Ah ! d'accord, super. Suivi très peu de temps après d'un second : ah non, désolé, la réunion est annulée car le directeur a le Covid. OK, pas d'urgence donc pas de problème. On décale ? Eh bien finalement non car la directrice adjointe, Anne-Claire de Reboul, viendra sans lui. Parfait, c'est noté, merci, à lundi.

En attendant, comme tous les matins, nous faisons le « point patient » : qui doit être vu, par qui ; est-ce que des résultats d'examens sont tombés ; qui doit aller en consultation ; qui va travailler les dossiers dans le bureau ou vadrouiller dans les étages… Bref, comment va se dérouler la journée.

Nous discutons également de cette visite à venir et pour laquelle il est important que nous soyons tous réunis. On rigole gentiment sur nos présentations respectives puis Isabelle lâche le pavé dans la mare : « Bon, c'est très joli tout ça, mais qu'est-ce que vous auriez envie de lui demander ? » C'est vrai qu'on devait y réfléchir depuis un moment mais comme on est sans cesse débordés, on n'a jamais pris le temps d'y penser sérieusement. On se regarde tous sans idée précise, et un gros blanc s'installe dans le bureau. C'est alors qu'elle relève ses lunettes sur le haut de sa tête et dit le plus naturellement du monde : on n'a qu'à demander le chien !

Non, sérieux ? Cette histoire de chien nous a accompagnés ponctuellement pendant des mois. Toutouf était notre exutoire, ou juste une bonne occasion de rire. On l'a fantasmé, d'accord, mais c'était pour de faux. Est-ce qu'on va réellement passer du rêve à la réalité ? OK, on en parlait encore quelques jours auparavant, ça ne tombe pas complètement de nulle part. Mais sans blague, on va vraiment demander un chien ? Pour tout le monde, c'est un peu comme quand on joue à « tu ferais quoi si tu gagnais cent millions au loto ? » Mentalement on en était là. Le chien, c'était l'idéal dont on rêve à voix haute.

Avec Isabelle, il n'y a jamais rien d'impossible. Si elle dit « on n'a qu'à demander le chien » avec ce regard et cette intonation, c'est qu'elle le pense sincèrement. Je lis dans les yeux de Maxime, Hédi et Élodie le même mélange d'excitation, d'envie et d'incrédulité. Tout le monde est partant. Ultra-partant, même.

Anne-Claire de Reboul, arrive dans le bureau. Déjà, on sent qu'on a changé d'époque. Elle est jeune, petite et menue, tout en dégageant une autorité certaine. On commence à discuter, chacun explique ce qu'il fait dans l'équipe ; l'écoute est bonne, et je dois dire que c'est plutôt un moment sympa. À la fin de la réunion Isabelle lance : « On a quelque chose à vous demander. » Silence… C'est là qu'Élodie enchaîne d'une voix précipitée : « On aimerait avoir un chien en garde alternée. »

Surprise totale pour la directrice adjointe qui ne peut s'empêcher de rire. On est très loin d'un besoin de remplacement ou de quelques mètres carrés en plus dans le service. Elle s'excuse d'avoir ri et nous regarde l'un après l'autre, sans doute pour comprendre si c'est une blague, une caméra cachée ou une vraie demande.

Finalement elle lance un « pour quoi faire ? » qu'aucun de nous n'attendait. La surprise change de camp parce que, franchement, sa question semble sincère. On pose, un peu en vrac : « pour sourire, pour les patients, pour les soignants… » et on évoque quelques idées supplémentaires. Fin de notre exposé. On a fait tout ce qu'on a pu. On a été honnêtes, comme à chaque fois, et carrés, comme à chaque fois aussi. On verra bien ce que ça va donner. Dans cette grande partie de ping-pong, c'est désormais à Anne-Claire de Reboul de lancer la balle. « OK, écrivez-moi un projet et on en reparle. »

À nous de jouer.

# Le projet

## MAXIME

Juste à côté de Curie, il y a Youcef. Son restaurant a forcément un nom, mais je serais bien incapable de dire lequel. Pour nous, c'est simplement Youcef, et ce, depuis des années. Réunis autour du couscous qui a fait de lui la star du quartier, nous commençons à déterminer les points essentiels à développer :

– la réduction de l'anxiété chez les patients qui vont ou sont en consultation, ou en traitement ;

– l'allègement de la charge émotionnelle du personnel soignant.

La direction a été séduite par l'idée du chien car l'approche non médicamenteuse est innovante. Notre unité ayant déjà été à l'initiative de plusieurs projets de recherche, ce serait dommage de se priver de ce nouveau champ d'exploration. Nous prévoyons également de mener une étude que nous baptisons M-KDOG – le M faisant référence à « médiation ». Pour cela nous établirons des questionnaires précis, que nous soumettrons dans un premier temps aux équipes médicales. Ils permettront d'évaluer les effets de la présence du chien sur la communication, le stress et l'anxiété des patients et de leurs familles. D'autres questionnaires étudieront le sentiment de bien-être au travail des soignants. Ça, en gros, c'est le pourquoi.

Reste à définir le comment. C'est-à-dire le côté pratique de l'histoire, et c'est là qu'il faut lâcher les chevaux. Enfin, de mon point de vue, parce que je déteste l'imprévu. Les filles me connaissent bien donc elles se doutent que c'est à ce moment de la discussion que je vais m'emballer mais ce n'est pas grave, j'y vais quand même, quitte à passer pour le rabat-joie de la bande. En premier lieu, il faut parler du mode de garde. On s'est dit qu'on ferait une garde alternée, et tout le monde est partant. D'accord mais à quel rythme ? C'est quoi la rotation ?

À cette époque je cherche à déménager. Je sais que d'ici quelques mois je vais changer d'appartement et j'imagine que le nouveau va demander un petit mois de travaux. Dans ma tête, ça veut dire tri, rangement, cartons, camion, travaux, ménage à fond, déballage, et tout ça avec les jumelles. Honnêtement je ne me vois pas prendre un chien par-dessus. Je suis obligé de mettre le sujet sur la table. J'aime que les choses soient claires, organisées. Alors que se passe-t-il si l'un d'entre nous ne peut pas prendre le chien pendant un ou deux mois ? Et parcil pour les week-ends ? Que se passe-t-il si on ne peut pas le prendre tous les week-ends ? Et que se passe-t-il si on est super malade ?

J'ai lancé la discussion, et Élodie enchaîne. Elle a peur que le chien ne l'aime pas. Elle se reprend. Non, ce n'est pas vraiment ça. Si jamais il préfère les autres, que ça ne colle pas tous les deux, ou qu'il ne veut pas travailler avec elle, ça va être galère. Que se passe-t-il dans ce cas ? Apparemment j'ai bien fait d'ouvrir la brèche. Et que se passe-t-il si ça ne fonctionne pas ? S'il aboie tout le temps ? S'il ne se sent pas bien dans sa nouvelle fonction ?

Est-ce qu'on peut le ramener au refuge ? Et s'il lui arrive quelque chose, un accident, une grave maladie ?

Toutes ces questions ont absolument besoin d'être posées, selon moi, et sont bien accueillies par le reste de l'équipe. Donc je continue. Je ne veux surtout pas qu'un ressentiment puisse s'installer entre nous. Il faut que chacun puisse parler de ses craintes. Si cette prise en charge n'est pas possible, alors elle n'est pas possible. Basta. Et quid des vacances scolaires ? Est-ce qu'on peut l'emmener ou pas ? Même si chacun a sa réponse et qu'elle peut paraître logique, moi, il faut que je l'entende. Mon petit côté « monsieur organisation » a besoin de ça.

Au bout d'un moment, Isabelle a dû sentir que je partais en roue libre. C'est là qu'elle a endossé sa blouse de cheffe de tribu et qu'elle m'a dit : « Tu sais, parfois il faudra qu'on arrive à s'adapter parce qu'on ne peut pas tout prévoir, et vu qu'on s'entend bien, on arrivera toujours à trouver une solution ».

Pas faux. Pas faux du tout. D'abord, je le vois quotidiennement avec mes jumelles. On ne peut pas tout prévoir et pourtant on s'en sort. Et puis oui, on s'entend bien, et jusqu'ici ça nous a parfaitement réussi. Donc merci, Isa, on va rouler comme ça.

# Clair et net

## ÉLODIE

Pour construire notre projet, nous devons aborder de nombreux points dont celui, majeur, de l'hygiène. Comme toujours dans ces cas-là, nous commençons par recenser la littérature scientifique disponible sur le sujet. Existe-t-il des expériences similaires, et si oui, y a-t-il des recommandations sur la présence de risque infectieux ? Concernant la littérature scientifique, le butin est maigre. Un service d'onco-pédiatrie américain a récemment intégré un chien, mais ça ne nous mène pas bien loin et les réponses sont toutes identiques : pas plus de risque que la normale, juste quelques précautions à prendre. D'accord.

Caroline Gilbert, qui est à la fois vétérinaire et éthologue, se penche sur le sujet, avec la collaboration de Louise Destailleur, étudiante à l'ENVA[10]. Ensemble nous construisons un protocole sanitaire pour bien lister les antiparasitaires, vaccins, lavages, brossages et autres incontournables. Notre chien pourra intervenir en toute sécurité. Ce cadre est rassurant à la fois pour lui mais aussi pour tous ceux qui l'entourent.

Au moment où nous réfléchissons à tout ça, nous réalisons que l'usage a dépassé les normes. Je m'explique : sur le papier,

10. École nationale vétérinaire d'Alfort.

en 2022, on en est encore à l'interdiction des fleurs dans les hôpitaux. Sauf que dans la réalité, ça ne fonctionne pas comme ça. Les gens vont et viennent, souvent en transport en commun, d'ailleurs. Parfois ils rentrent même à la maison avec du matériel médical ; dans certains cas, un patient peut retourner chez lui avec sa poche de chimio ou son Redon[11]. Est-ce que sa salle de bains est stérile ? certainement pas. Est-ce qu'il a un animal de compagnie ? peut-être. Ce qu'on peut affirmer, à l'heure actuelle, c'est que pour éviter les infections, il faut surtout se laver les mains.

Bien sûr, à l'hôpital, si on veut faire une toilette intime, on met des gants et un tablier. Si on doit faire un soin stérile, on met un masque et une charlotte. Si on doit éliminer certains déchets, on utilise les poubelles adaptées. Ça, c'est ce qu'on sait. Ça concerne purement le soin, et il y a des protocoles pour ça. Ils sont soit nationaux, soit propres à chaque établissement en fonction de sa pratique. En tout cas ils existent.

Pour ce qui est des chiens dans les établissements, au moment où nous commençons notre réflexion, il n'y a rien. Chaque structure agit en fonction de ce qu'elle connaît, de ce qu'elle croit juste. Le travail que nous faisons pour qu'un chien puisse entrer à Curie est donc un premier pas.

Il sera suivi d'un second lorsque Louise, encadrée par Caroline, choisira d'en faire son sujet de thèse d'exercice[12]. Grâce à elle, nous éditerons des fiches claires et

---

11. Le drain de Redon est un tube utilisé pour le drainage après une opération chirurgicale. Il est installé par le chirurgien à la fin d'une opération.
12. La thèse d'exercice est une thèse du système universitaire français, qui conclut les études de certaines professions de santé après validation du troisième cycle de formation aboutissant au diplôme d'État de docteur.

complètes à destination de toutes les structures de soin qui souhaiteraient dupliquer notre modèle, ou encore à destination des ministères.

Ces fiches détaillent les maladies à surveiller, les symptômes, les voies de transmissions, les moyens d'action, mais également les soins à apporter au quotidien lorsqu'on travaille avec un chien de médiation. Bien qu'étant le fruit d'un travail scientifique méticuleux, elles sont rédigées de façon à être comprises par tous. Un outil infiniment précieux pour l'avenir.

# La présentation

## ISABELLE

Cela fait quasiment deux mois que nous explorons tous les aspects de cette adoption, et nous sommes prêts à participer à la réunion du comité de direction de l'hôpital. C'est un rendez-vous régulier qui a lieu cette fois dans les locaux de Curie à Saint-Cloud.

Je dis « nous » car comme c'est un projet d'équipe, nous présentons… en équipe. Tout du moins en partie, et ce jour-là, la partie, c'est Marguerite. Comme toujours, elle souhaite bien faire. Elle représente les autres, et je sais qu'elle ne veut pas les décevoir. Malgré cette légère pointe de stress, j'ai toute confiance en elle. On y va, on a bossé, le dossier tient la route, ça va bien se passer. Nous avons rédigé une présentation en bonne et due forme sur PowerPoint. Nous amenons un projet réfléchi, structuré et bien ficelé. Il ne s'agit pas d'une lubie mais bien d'un besoin.

Une de nos idées est de mettre en opposition l'animal et le robot émotionnel. C'est justement le trop-plein d'émotions qui nous a menés jusqu'à ce grand bureau. À présent, il est crucial de leur faire comprendre pourquoi nous avons choisi l'animal, et plus particulièrement le chien, pour y remédier.

Depuis quelques années, les robots ont la cote. Notamment les robots émotionnels. Le but n'est pas que ces robots rendent un service mais juste qu'ils tiennent compagnie, adoucissent une solitude. Selon les besoins, ils peuvent avoir une apparence humanoïde ou animale. Le plus connu est un petit phoque : Paro. Nous en avons d'ailleurs deux à l'Institut Curie. On les utilise principalement la nuit pour les enfants, les personnes souffrant de troubles cognitifs, les patients déments qui peuvent être perdus, ou qui ont juste besoin d'être rassurés. C'est une grosse peluche super mignonne qui a un regard doux et de jolis yeux. Elle est truffée de capteurs qui vont réagir à notre voix, nos caresses, nos gestes, nos comportements. Ça peut être des bruits ou des petits mouvements, et il faut avouer que le résultat est bluffant. Néanmoins, lorsqu'on est amené à fréquenter les robots plusieurs fois de suite, on s'ennuie vite car le nombre de leurs réponses reste limité par rapport à un être vivant. Même s'ils peuvent être très utiles, il leur manque une qualité indispensable : la spontanéité, l'imprévisibilité de l'être vivant. Eh oui, être surpris est souvent ce qui nous plaît le plus !

En face du robot, il y a l'animal. Pour de nombreuses raisons, nous nous sommes concentrés sur le chien. D'abord il y a notre expérience avec KDOG qui nous a naturellement poussés vers lui car nous le connaissons bien. Ensuite, si on se réfère à ce qui a déjà été entrepris en matière d'animal d'assistance, on trouve de tout, y compris des chevaux. On comprendra aisément qu'un cheval, c'est très beau mais pas forcément adapté à un hôpital comme le nôtre. Donc chien.

Concernant les réponses émotionnelles, nous démontrons que celles du chien sont plus variées, grâce à la spontanéité notamment, que celles d'un robot qui en possède un stock déterminé qu'il adapte aux situations. Parfois très bien, certes, mais elles restent limitées, ce qui n'est pas le cas d'un être vivant.

Par ailleurs, le coût d'un robot est élevé. Il y a la conception, l'achat puis la maintenance. Celui du chien est élevé aussi, mais de façon différente. Je ne prends pas en compte la conception car dans notre volonté d'utiliser les ressources existantes, nous excluons les chiens d'élevage. Nous prévoyons d'adopter un chien de refuge. Cela fait considérablement baisser le poste « achat » mais, contrairement au robot, il faut le nourrir, le soigner et l'entretenir comme on le ferait pour n'importe quel être dont on aurait la charge pendant des années. Résultat, d'un point de vue financier, il y a de quoi discuter.

C'est en comparant les avantages et les inconvénients que tout s'éclaire. Certes, un chien peut tomber malade. Certes, il représente une véritable contrainte, un investissement personnel et familial intense ; oui, il demande de surveiller scrupuleusement sa santé, son hygiène, et son éducation. Mais il est vivant, nous aussi, et c'est le cœur de notre métier.

On a donc d'un côté ces robots dont il faut prévoir le développement, l'achat et l'entretien, et de l'autre les « vrais » animaux en surplus mis dans des refuges trop pleins. À bien y penser, n'y aurait-il pas une place pour tous ? Pour la technologie et pour les êtres vivants ? À développer l'un, n'en oublions-nous pas les autres ? Notre idée de chien, c'est aussi ça : une réconciliation entre l'innovation et nos ressources propres, que l'on délaisse parfois. La joie et le sourire en font partie. Il est inutile de (re)créer quoi que ce soit pour les obtenir, sauf peut-être des conditions favorables. C'est ce que nous souhaitons faire avec un chien qui existe déjà. Un animal qui attend une seconde chance quelque part, et qui ne demande qu'à entrer dans un cercle vertueux. C'est pour cette raison qu'adopter un chien de la SPA a toute sa raison d'être.

Enfin, quand on parle d'hôpital on parle d'hygiène, et là encore on a un *slide* dédié. Impossible de passer à côté. Est-ce que des soignants pourraient envisager de prendre un chien sans penser à la sécurité de leurs patients ? Évidemment non. Ça n'a aucun sens ! Ça irait à l'encontre de tout ce à quoi ils croient, de tout leur travail, leur engagement. Cette hypothèse étant totalement exclue, chaque question a sa réponse.

Dernière étape : le jour de sa première visite, l'interrogation principale d'Anne-Claire de Reboul était « pour quoi faire ? » Cette question appelant une réponse un peu plus détaillée que « pour faire sourire », nous avons préparé tout un système d'évaluation des bénéfices du chien à l'hôpital. Dans un premier temps, nous pensons l'appliquer aux soignants. Ils devront remplir des échelles sur la qualité de vie au travail avant l'arrivée du chien, puis un certain nombre de mois après son arrivée ; des échelles d'émotions avant et après avoir vu le chien ; et parler avec une ergothérapeute de leur perception du chien au sein de l'hôpital. Une fois que cette première phase sera passée, nous nous tournerons vers les patients.

Notre auditoire est intéressé. Je les sens ouverts. Nous avons fourni pas mal d'informations techniques, donc c'est une discussion générale qui démarre.

La principale remarque concerne l'identification. Le directeur de l'hôpital, Steven Le Gouill, est très clair à ce sujet : dès le premier jour il faudra absolument un harnais permettant d'identifier le chien comme étant celui de l'Institut Curie. Il ne doit pas être confondu avec un chien lambda.

Je dois avouer que ça ne faisait pas partie de nos priorités. On est restés très concentrés sur l'hygiène, la garde, et tout un tas de choses comme ça, mais on n'a pas du tout envisagé l'histoire du harnais. Pourtant c'est un très bon conseil.

Désormais, sur le harnais il est écrit qu'on peut caresser Snoopy seulement sur autorisation. En voyant cet avertissement, le soignant, le patient ou son entourage va nous adresser la parole et ce sera l'occasion pour nous de lui indiquer les bons gestes et de lui donner les recommandations sanitaires adaptées, à savoir se frictionner les mains avec de la solution hydroalcoolique. Tout cela serait très compliqué si Snoopy ne portait pas son « habit » Curie.

Marguerite et moi expliquons comment nous allons choisir le chien. Nous voulons qu'il soit de taille moyenne avec des oreilles tombantes. Les petits sont souvent portés sur les genoux, et ce n'est pas le but recherché. Les plus gros ont moins leur place dans un hôpital et on manquerait d'espace dans notre bureau. Quant aux oreilles dressées, elles font peur.

Nous avons terminé. Pas eux. Les piles de dossiers s'amoncellent, et leur journée promet d'être longue. On remballe les *slides* et on remercie pour l'attention et le temps. À leur tour de parler maintenant. Nous n'attendons qu'une seule phrase : « C'est d'accord. » Pourtant il faut rester concentrées jusqu'au bout. Écouter leurs pour et leurs contre, leurs motivations et leurs freins, noter leurs drapeaux verts et leurs drapeaux rouges. Tout est utile.

Je ne sais plus comment ils l'ont dit, ni qui a dit quoi, mais je nous revois tentant de rester calmes. On aurait bien lancé des confettis mais ça ne fait pas vraiment partie des usages. En refermant la porte du bureau nous avons le même réflexe : il faut appeler les autres. Projet d'équipe, bonheur d'équipe.

# Nuit magique

## ISABELLE

Vendredi soir. Je sors de Curie et je retrouve mon fils chez nous, aux Ulis. Même si la direction a quasiment validé le projet, j'en ai gros sur la patate. Je n'arrive pas à vendre mon appartement et il faut absolument que je déménage. Les dealers qui squattent la cave, ça va bien deux minutes, mais pour être très honnête, je préfère nous éviter ce genre d'animation. Pour couronner le tout, ma mère se remet d'une récente mastectomie. On a beau travailler et vivre au milieu du cancer, quand il s'agit de sa propre mère, la blouse tombe. Ce soir plus que jamais, j'ai besoin de positif.

Caroline, notre vétérinaire, est en contact avec la SPA, mais Marguerite, qui a lancé les premières perches, ne reçoit pas de retour. Maintenant qu'on a franchi la première étape, il faut que ça avance, et comme tout le monde le sait, on n'est jamais aussi bien servi que par soi-même.

Je suis avec mon fils que j'aime tant. Il va bien, il est plein de projets, d'envies, de joie. J'adore discuter avec lui et le voir grandir (il me dépasse d'ailleurs de deux têtes). Il est occupé à faire je ne sais quoi dans sa chambre, mais même à distance, il m'envoie toute son énergie. J'avale un dîner rapide, et c'est en fin de soirée que mon marathon commence. De façon très méthodique, je décide d'ouvrir toutes les pages Internet des refuges SPA de France. Peu importe où est ce chien, s'il y en a un qui nous correspond et qui nous attend, je le trouverai. Je lis les fiches les unes après les autres. J'ai de l'endurance, et nous avons tous un immense désir d'accueillir ce nouveau membre de l'équipe. Il y a des chiens aux bouilles adorables mais qui malheureusement ont peur des enfants, ou des cris. D'autres qui sont signalés comme « craintifs ou potentiellement mordants » ; certains sont restés parfois trop longtemps en refuge pour espérer le type de socialisation que nous envisageons.

J'élimine des centaines de fiches, sans réaliser que les heures filent à toute allure. J'ai un petit coup de pompe. Nous sommes déjà samedi, et j'ai peur de ne pas trouver ce compagnon que nous aimons déjà sans le connaître. Je me demande ce qui pousse les gens à adopter un animal et à l'abandonner ensuite. Il y a sûrement des histoires tragiques derrière tous ces barreaux. Je préfère ne pas y penser. Et puis je tombe nez à truffe avec Snoopy, un setter anglais tricolore de 2 ans.

Sur la photo, il n'a pas l'air particulièrement gai. Qui le serait dans cet environnement ? Il est un peu maigrichon, et pourtant je suis instantanément sous le charme. Sa fiche finit de me convaincre. Il est décrit comme « gentil et aimant la compagnie des humains ». Il est au refuge depuis moins d'un mois. C'est idéal, car ceux qui restent trop longtemps loin d'un foyer deviennent parfois trop cabossés pour s'y réhabituer sans crainte. Seul souci, il n'aime pas les chats. Il va falloir voir avec Hédi et Caroline comment régler ce problème. Malgré ce bémol, je sens qu'il vient de se passer quelque chose d'important. Le soleil va bientôt se lever et je suis excitée comme une puce. J'envoie immédiatement sa fiche par mail à toute l'équipe. Nous avons décidé d'adopter ensemble, et par conséquent il me faut l'accord de tous.

J'éteins la lumière et je me couche en souriant. Exactement ce dont j'avais besoin. Snoopy commence déjà à faire des merveilles…

# Popeye

## HÉDI

Au début de notre mariage, nous avons adopté un cocker, Armani, copie conforme du célèbre Bill de *Boule et Bill*. Mes deux enfants, qui sont maintenant adolescents, ont grandi à ses côtés. En 2018, devenu un vieux chien, il perd lentement l'ouïe et la vue, et c'est principalement Titouan, mon aîné, qui s'occupe de lui jusqu'à ses derniers jours.

Le vide laissé par Armani est très douloureux pour nous quatre, et il nous paraît impensable de le remplacer. Nous avons besoin de temps pour apprivoiser son absence. Un an plus tard, le 24 décembre 2019, surprise de Noël, nous offrons Popeye à nos enfants. Popeye n'est pas un chien. C'est un jeune chaton, donc il ne remplace pas Armani mais comble le besoin de présence animale. Ce choix nous permet d'alléger un peu les contraintes de l'organisation liée à un chien.

C'est là que le Covid arrive. Entre le confinement et le télétravail, je dois avouer qu'avoir un chaton à la maison est une distraction assez agréable. Il ne regarde pas les infos, ne spécule pas sur le mouvement des vagues épidémiques, n'est pas témoin de l'épuisement des soignants, rien. Lui, tout ce qu'il veut, c'est jouer, manger, dormir au soleil, s'étirer de tout son long et se faire caresser en ronronnant. De temps en temps, nous pouvons échanger des moments de douceur mais, comme tous ses congénères, c'est lui qui décide quand ça commence et quand ça finit. Interagir avec un chat n'a rien, mais alors rien à voir avec un chien.

Le temps passe, les courbes de contamination fléchissent, et la vie normale reprend enfin ses droits. Popeye ne change rien à ses habitudes, et ma foi, nous non plus. Il a planté son décor, installé son rythme, fait sa vie de chat sous notre toit, et c'est très bien comme ça.

Lorsqu'Isabelle et Marguerite reviennent de la réunion avec la sous-direction et que notre doux rêve collectif commence à prendre forme, je suis tiraillée entre plusieurs sentiments. Le premier, le plus fort, est la joie bien évidemment. J'ai parlé de cette éventualité à ma famille, et nous sommes tous très excités à l'idée d'accueillir un nouveau compagnon. Nous adorons Popeye, mais c'est un peu difficile de communiquer avec lui. Il sait parfaitement nous faire comprendre qu'il n'est pas content mais on aimerait aussi pouvoir décoder et partager ses grands moments de bonheur. Malheureusement les chats ne font pas aussi clairement la fête que les chiens…

Le second est la peur. Comment va se passer la cohabitation avec Popeye ? On a déjà vu des grandes amitiés chien-chat mais l'expression populaire exprime plutôt l'inverse. Notre projet se construit à cinq, que va-t-il se passer si les deux animaux ne s'entendent pas ? Est-ce que je pourrai être coparent au même titre que les autres ? Est-ce que je ferai encore partie du projet ?

Sur ce point, Caroline, en tant que vétérinaire et particulièrement en tant qu'éthologue, m'a très vite rassurée.

Il paraît qu'il existe des moyens pour « réconcilier » les chiens et les chats en cas de mésentente. Très bien. Je suis de nature assez positive et je décide de me concentrer sur cette information. De toute façon, j'ai terriblement envie de faire partie de la grande famille que nous nous apprêtons à former. Si Popeye nous demande de trouver une solution, nous la trouverons. Chaque chose en son temps.

Chapitre 3

# Snoopy, le 6e doigt de la main

# Bonjour, toi

## MAXIME

Depuis qu'elle s'est mise en relation avec la SPA, l'équipe attend chaque jour des nouvelles de Caroline. Cependant, au fond de moi, je pressens depuis le début qu'Isabelle va débouler un matin en nous disant « j'ai trouvé ! » Apparemment, après une décennie de collaboration, on finit par bien se connaître !

Après avoir lu son mail, il me vient plusieurs pensées : Ça y est, on y est presque, le chien va enfin arriver. Est-ce qu'on est bien sûrs de ce qu'on fait ? Est-ce que je le dis tout de suite aux filles ?

Pour mes filles, je décide d'attendre un peu. Tant que le chien n'est pas là, je préfère qu'elles ne s'excitent pas davantage. Elles ont aussi hâte que moi, si ce n'est plus, donc inutile d'en rajouter. En revanche j'appelle immédiatement Marguerite. Nous l'avons choisie comme référente assez naturellement. Si un jour il faut trancher ou nous départager sur un sujet difficile, nous sommes certains qu'elle saura le faire de façon réfléchie, sans se précipiter. Cette relation de confiance solide est nécessaire pour ce genre de responsabilité.

Elle est à Lyon avec sa sœur. Les deux frangines participent à un trail de nuit. Une chose est sûre, avec elle, les promenades seront musclées. Certaines personnes prennent un chien pour les pousser à faire du sport, à bouger plus. Là au moins, on sait que ce n'est pas le cas ! Elle a également lu le mail et, comme moi, elle est folle de joie. Dès lundi, nous prendrons rendez-vous avec le refuge de Pornic pour aller voir Snoopy.

Fin de cet incroyable week-end, retour au bureau. Nous sommes comme des gamins : totalement intenables. Pourtant il faut garder un minimum de sang-froid, nous avons nos patients à voir, et Snoopy n'est pas encore là. Marguerite a attrapé la crève en courant dans la montagne la nuit (drôle d'idée, il faut bien l'avouer), mais elle reste fidèle au poste. Je ne sais toujours pas ce qui peut la faire flancher.

Le refuge n'ouvre que l'après-midi mais la directrice accepte de nous recevoir le matin. En effet, il y a huit heures de route aller-retour et nous voulons prendre tout notre temps sur place. Nous avons décidé que deux d'entre nous iraient à Pornic. Il y a déjà Marguerite mais il lui faut son « +1 ». Je me propose direct. J'ai une voiture, et ce sera plus confort pour tout le monde. Nous appelons aussi Aurélie qui est éducatrice canin (oui, on dit « canin » et pas « canine » ; au début ça sonne un peu faux mais, au bout d'un moment, c'est l'inverse qui paraît bizarre). Elle est emballée par le projet et se libère pour le mercredi. Il nous reste donc deux jours avant la grande rencontre. Cela fait un peu plus de trois mois que nous avons enclenché la machine, je m'attendais à ce que les recherches prennent encore du temps, et maintenant ces quarante-huit heures me semblent une éternité.

Les patients s'enchaînent à un rythme démentiel. Est-ce qu'il y en a vraiment plus que d'habitude ou est-ce que c'est l'idée d'aller voir Snoopy qui change ma perception ? Décidément c'est assez étrange. Mais pas le temps de tergiverser. Il faut être présent, physiquement et moralement. C'est le moins que l'on puisse faire pour ceux qui se sont déplacés et espèrent être soulagés.

Ce n'est qu'à l'heure du déjeuner qu'on remet Snoopy sur le tapis. Ou dans le panier, plus exactement. On cherche sur Internet le plus beau, le plus douillet, mais aussi celui qui entrera parfaitement dans l'espace que nous lui avons réservé. Un petit coin bien tranquille sous la table destinée à la machine à café et aux boîtes de chocolat. J'ai de la chance, elle est juste derrière moi.

On passe en revue les harnais, les laisses et les croquettes. Pour les croquettes, on était déjà au courant de l'immense variété, mais on n'avait aucune idée du marché des laisses. Sans parler des harnais où là, c'est carrément n'importe quoi. C'est fou, ce qu'on peut trouver. Entre les différentes tailles et les différents styles, on peut y passer la journée. Évidemment Élodie propose d'acheter celui qui est brodé de paillettes pour les jours de fête. Hédi, bloquée en position « reine d'Angleterre », note le petit manteau smoking tout à fait ravissant au cas où Snoopy serait invité à Buckingham, on ne sait jamais. Non, les filles, Snoopy est censé travailler à l'hôpital. Sans grande surprise, les deux options sont jetées à la poubelle avec les emballages de salades. On n'a pas beaucoup avancé mais au moins on a rigolé. Finalement, j'enclenche le mode « efficacité » et je me rends dans une animalerie. J'achète d'un seul coup harnais, laisse, tapis, gamelle et panier. Pour l'identification, nous ferons imprimer des scratchs adaptés un peu plus tard. Maintenant, quoi qu'il arrive, on est prêts.

Comme d'habitude je pose toutes sortes de questions sur l'engagement, l'éventualité d'un échec, d'un rejet de la part du chien, d'une erreur de casting… Dans deux jours nous avons rendez-vous, on ne peut plus dire que c'est hypothétique, il n'y a plus de filet de sécurité invisible.

À bien y réfléchir, on parle beaucoup d'organisation pendant l'intervalle qui sépare ce lundi de notre départ pour Pornic. Certainement une déformation professionnelle, mais après tout, Snoopy est supposé être un nouveau collègue, donc ça se tient. Nous fonctionnons un peu comme ça. Que ce soit pour ce projet ou pour un autre, une fois qu'on a dit « on y va », on y va, et quand les problèmes surgissent, on les résout ensemble.

Chacun apporte sa pièce au puzzle. Élo est plutôt du genre pile électrique, à s'exclamer « c'est génial, ça va être trop bien » ; Hédi, très enthousiaste aussi mais peut-être un peu moins cent mille volts ; Marguerite, plus terre à terre, dirait « c'est top mais est-ce qu'on peut y arriver ? » avant une poussée d'excitation, puis d'un nouveau doute, que j'accompagne inévitablement d'un « mais vous êtes sûres, attention, pas d'emballade… » Et c'est bien entendu Isa, la cheffe de tribu, qui clôt la discussion avec son optimisme à toute épreuve : « Poum, poum, poum, c'est comme ça, ça va bien se passer, s'il y a un couac on verra au jour le jour. » Elle a toujours les bons mots pour remettre les choses à plat, pour qu'on n'ait pas le temps de se coller la tête à l'envers inutilement. Et puis, en vérité, son système a toujours fonctionné, alors qu'est-ce qu'on peut dire après ça ?

C'est ce qui fait de cette équipe une combinaison assez exceptionnelle. On s'écoute tous, et quand on a besoin de trancher sur un sujet, il suffit que l'un de nous apporte des arguments concluants pour qu'on arrête le débat, qu'on se range derrière et qu'on avance. J'adore.

J'en reviens à ce fameux mercredi. Nous partons de Paris vers 6 heures du matin pour être tôt à la SPA. Je ne suis jamais allé dans un endroit comme celui-là et je dois avouer que c'est très impressionnant. D'abord par la taille. À peine entrés, nous avançons sur de longues allées bordées de grands chenils grillagés. Je me souviens du centre d'éducation de Champvoisy, de son corps de ferme et de sa cour fleurie. Ce que je visite aujourd'hui est tellement différent… À Champvoisy, je faisais régulièrement des petits tours jusqu'à la nourricière où Didier gardait les portées de chiots. On a du mal à imaginer à quel point c'est petit et mignon. Tous regroupés dans un coin de leur panier, ils me faisaient penser à une énorme boule de poils remuante et désordonnée. Les chiots se grimpaient dessus, couinaient, tombaient, dormaient côte à côte. Il émanait de cette petite pièce une atmosphère très douce, une odeur chaude et animale. Si je ne m'étais pas contrôlé, j'en aurais ramené un à chacune de mes visites !

Aujourd'hui, au refuge, c'est une tout autre ambiance. D'abord il y a le bruit. Dès mon premier pas, j'entends un aboiement, puis deux, puis trois puis des dizaines en même temps. Au début je regarde les chiens. J'ai de la peine pour eux, certains me font peur, d'autres m'attendrissent ou m'appellent carrément. Alors je décide de suivre la personne référente sans m'attarder. C'est trop dur.

Nous arrivons devant le chenil de Snoopy. C'est le seul qui n'aboie pas. Il est calme, serein, comme s'il savait qu'on venait pour lui. Comme s'il disait : « Je suis là, vous êtes là, c'est bon on peut rentrer. » Pour Marguerite et moi, c'est le coup de cœur. C'est difficile à dire, à expliquer, c'est un sentiment, une émotion particulière. Il s'est réellement passé quelque chose au moment où nous avons pénétré dans son abri.

La veille, nous avons créé un groupe WhatsApp avec le reste de l'équipe pour partager en photos et en vidéos toutes les étapes de cette matinée. Entre Hédi, Isa et Élo qui sont en consultation et Caroline qui donne son avis de professionnelle, on sait d'avance que la communication sera acrobatique. Tant pis, de toute façon il est impensable de ne pas le faire. Nous sommes aussi tiraillés par ce problème de chat et la lourde responsabilité qui nous incombe. Ça part un peu dans tous les sens mais on y arrive. Pression, excitation, pression, excitation, pression.

Au début, Aurélie propose de faire quelques petits jeux pour évaluer ses bases d'éducation. Elle emmène Snoopy dans un petit jardin clos, et pendant dix minutes il répond aux consignes, attrape des objets, sans jamais nous mettre en danger. Après cette séance, elle donne un rapport positif et fait instantanément grandir notre espoir. De notre côté nous envoyons les premières vidéos.

Parfait, continuons notre exploration avec une petite balade en forêt. Snoopy est aux anges et nous aussi. Il renifle toutes les odeurs du chemin, fait pipi sur chaque tronc, chaque souche, chaque rocher. Il se laisse caresser tout en continuant d'observer les alentours. Il est un peu maigrelet, mais nous le découvrons beau, sympathique et joyeux. Pour Marguerite et moi, l'évidence est de plus en plus forte. Nous consultons Aurélie, qui acquiesce.

Un dernier test va nous permettre d'y voir encore plus clair. Nous nous dirigeons vers un bâtiment pas très loin des chenils. Il y a là une salle de réunion, plutôt lumineuse, qui ne contient pas grand-chose si ce n'est une table et des chaises. Ici, le but est de voir comment Snoopy interagit avec l'homme en intérieur. Est-ce qu'il est doux, réticent, agressif, stressé, curieux… Tout est possible. Évidemment nous démarrons une visio en direct avec l'équipe.

Je commence par m'asseoir sur une chaise mais rien ne se passe. Alors je m'allonge au sol. Je ne sais pas pourquoi, sur le coup ça m'a paru naturel, normal. Snoopy vient instantanément sur moi comme pour me protéger. Je le caresse et nous partons dans un long moment de tendresse. C'est là que je sens qu'on a trouvé LE chien. Notre chien. J'ai la chance d'être près de lui, de ressentir l'évidence de cette connexion. Pour Marguerite et Aurélie, c'est un spectacle encourageant, attendrissant et heureux. Nous avons enfin rencontré notre nouveau partenaire.

Par acquit de conscience, nous finissons par un test près du secteur « chats » mais le résultat est net et sans appel : un aboiement et une posture qui disent non, et trois fois non. Les deux matous qui sont dans la pièce grimpent sur le haut de l'armoire. Inutile d'insister, le message est bien passé.

Snoopy réintègre provisoirement ses quartiers, le temps pour Marguerite et moi d'appeler la totalité de l'équipe en FaceTime. Nous revenons sur la rencontre, la douceur de son pelage, ses réactions si encourageantes au regard de notre projet. Tout le monde est emballé. Ou presque. Pour Hédi, l'histoire du chat est difficile à encaisser. Elle craque. Isabelle est obligée de trancher : le chien parfait n'existe pas, et celui-ci est le meilleur possible pour Curie. Difficile de se réjouir pleinement lorsque l'un de nous est triste. Elle s'adaptera, dit-elle. La discussion s'achève d'une façon un peu douce-amère mais s'achève tout de même. Voilà, ça y est, c'est fait. C'est validé. Tellement de sentiments s'entrechoquent. L'excitation, l'angoisse, la surprise, la déception et, par-dessus tout, la joie.

Le 7 décembre 2022, Snoopy est officiellement adopté.

Nous avons décidé de rentrer directement avec lui. Aucun de nous, et Isabelle la première, n'a le cœur de le laisser là. De toute façon, ça n'aurait aucun sens, il fait déjà partie de l'équipe. Qu'est-ce que ça change de le prendre avant les fêtes finalement ? Il ne va quand même pas passer Noël tout seul alors qu'il a déjà cinq coparents !

Sur le chemin du retour, c'est l'euphorie, pourtant on n'est pas tout à fait prêts : il faut encore passer l'ACACED[13], faire les plannings de garde, etc. Finalement quand le chien arrive, l'organisation se fait en deux secondes ! Marguerite étant sa référente, la décision est prise instantanément : il ira directement chez elle.

---

13. Attestation de connaissances pour les animaux de compagnie d'espèces domestiques : diplôme obligatoire pour les personnes souhaitant travailler avec des animaux.

# En voiture, Snoopy

## MAXIME

Au départ on devait seulement aller voir le chien. On ne s'attendait pas à revenir avec. Mais bon, j'avais tout de même prévu un plaid dans le coffre, au cas où il faudrait recouvrir la banquette arrière. On ne sait jamais, les poils partout, c'est pénible à enlever. Oui, je sais, c'est mon petit côté psychorigide. C'est pas grave, j'assume.

Une fois que nous avons réglé toutes les formalités administratives, nous passons les portes du refuge en sens inverse et… installons le plaid avant de faire monter Snoopy. Pas simple au début car il est craintif, et Marguerite est obligée de le porter pour qu'il accepte d'entrer dans mon carrosse.

Finalement nous voici tous les quatre en voiture. Marguerite et moi devant, Aurélie et Snoopy derrière. Pendant que je conduis, Marguerite prend plein de photos et les envoie à l'équipe. La présence d'Aurélie nous rassure énormément. Elle nous aide à décoder les attitudes de notre nouveau compagnon. Elle nous alerte sur les bâillements. « Vous allez voir, Snoopy va probablement bâiller. Rien de grave mais s'il bâille trop, c'est qu'il a envie de vomir. » Ah ! ça, c'est typiquement le genre de phrases qui nous met aux aguets, Marguerite et moi. Résultat, on se colle le doigt sur la gâchette, prêts à ouvrir les fenêtres à tout instant. Et puis finalement non, il s'installe tranquillement en boule avec sa petite tête sur les genoux d'Aurélie.

Les kilomètres défilent et tout se passe pour le mieux. Il faut imaginer le tableau : nous, super contents, la musique, les photos, les plaisanteries et… l'odeur. Eh oui, Snoopy est un chien de refuge, qui sent donc le refuge, c'est-à-dire le chien mouillé globalement. Rien que ça, c'est moyennement sympa, mais en plus il a commencé à enchaîner les bâillements, et visiblement, il n'a pas une hygiène dentaire irréprochable. Résultat, le chien mouillé combiné à l'haleine de fauve, ça nous fait ouvrir les fenêtres, et tant pis pour le bruit.

Au bout d'un moment, nous décidons de nous arrêter pour déjeuner. Je crois qu'il est à peu près 14 heures ou 15 heures, et nous n'avons rien avalé depuis notre réveil à 4 heures du matin. Il reste encore trois heures de route avant d'arriver à Paris. Nous ferons le plein pendant qu'il fera le vide, cette petite halte est parfaite pour tout le monde.

Je vais commander les McDo avec Aurélie pendant que Marguerite fait le tour du parking avec Snoopy, tout content de pouvoir explorer un nouveau terrain de jeu. Nous trouvons une table à l'extérieur et Marguerite nous rejoint. Snoopy se dresse immédiatement sur ses pattes arrière et vient chercher la nourriture qui est posée devant nous. Il essaye de nous voler des frites et des nuggets mais pas de chance, Aurélie est là qui veille au grain et dispense les premiers principes d'éducation. Comme toujours, c'est en équipe qu'on trouve la solution, et nous organisons des tours de promenade pour réussir à manger tranquillement. On prend bien évidemment des photos, qu'on envoie à la famille à Paris. Elles sont immédiatement suivies d'une flopée de petits cœurs, à l'instar de celle intitulée « 1er McDo de Snoopy » qui a eu beaucoup de succès.

Pendant tout ce temps, Aurélie ne perd pas une occasion de l'observer scrupuleusement. Sans surprise, elle le trouve très mignon et très beau mais d'un point de vue plus objectif elle note qu'on lui voit les côtes et qu'il aura probablement besoin de croquettes spéciales pour pallier certaines carences. À voir avec Caroline.

Pour ce qui est de l'odeur, une simple douche suffira, nous explique-t-elle. L'astuce de pro, c'est d'étaler de La Vache qui rit sur le mur. Pendant que le chien se régale, on le shampooine à gogo, et à la fin tout le monde est content. Pour l'haleine, des bâtonnets d'hygiène bucco-dentaire feront l'affaire : il va les mâchouiller et envoyer ce mauvais souvenir aux oubliettes.

Nous arrivons enfin à Paris. Plus exactement, dans les bouchons parisiens. Snoopy dort sur les genoux d'Aurélie, il est calme, mais personnellement je suis crevé et j'aimerais bien rentrer à la maison.

Nous déposons Aurélie chez elle, puis direction Arcueil pour aller chez Marguerite. Je me mets en double file devant chez elle et nous déchargeons tout. Les croquettes, la gamelle et l'immense panier totalement surdimensionné que j'ai acheté pour Snoopy. Un dernier gros câlin, une dernière grattouille sur le ventre, et je le laisse à Marguerite.

J'habite à dix minutes de chez elle, et je dois avouer que ce jour-là, c'est particulièrement appréciable. Je me suis levé très tôt, je viens de conduire huit heures, et entre les deux, j'ai vécu une tonne d'émotions. Rideau.

En arrivant chez moi, j'ai à peine le temps de raconter cette incroyable journée à ma compagne, que mon portable se met à vibrer. Isabelle est chez Marguerite, et elles sont en train de laver Snoopy. La vidéo n'est pas très longue mais apparemment, c'est sport !

# Parisien, tête de chien

## MARGUERITE

C'est bon, on a tout déchargé. Le panier géant, les croquettes, le chien qui pue, tout. Hop, je ressors direct pour le pipi du soir pendant qu'il me reste des forces, et là, Isabelle m'appelle, branchée sur cent mille volts : elle veut absolument venir voir notre Snoopy. Elle me propose d'acheter le dîner sur le chemin, ce qui m'arrange bien puisque je peux lui demander de prendre de La Vache qui rit au passage.

Je ne sais pas en combien de temps elle a fait le trajet entre Curie et la maison mais j'ai l'impression de la voir surgir deux minutes après ! Je lui explique la mission douche. Évidemment elle est morte de rire, et nous voilà toutes les deux, le pantalon remonté jusqu'aux mollets, à essayer de suivre les indications d'Aurélie. Elle rit tellement en étalant La Vache qui rit sur le mur qu'elle ne fait plus rien, à part me regarder galérer avec le chien et me filmer pour le montrer aux autres.

Le problème, c'est que ma salle de bains est ouverte sur ma chambre. On a tenté d'essuyer Snoopy avec une serviette avant de le laisser sortir mais manifestement ça n'a pas suffi puisqu'il s'est ébroué partout comme un dingue.

J'ai des escaliers. Il avait super peur donc j'ai dû le porter pour arriver au salon. Il était tellement excité d'avoir été douché qu'il s'est secoué dans tout l'appartement, et a tout pourri en mettant de l'eau et des poils partout.

Il est 21 heures, on s'est levés à 4 heures, je suis au bout de ma vie. Isa a apporté un pique-nique qu'on a mangé ensemble en riant mais honnêtement je suis dans un état second. En plus, ma meilleure pote habite chez moi à ce moment-là. Elle doit rentrer une heure plus tard, et comme je suis un peu maniaque je veux ranger avant qu'elle revienne. Je fais au mieux mais on voit clairement qu'une tornade est passée par là. Et puis je me demande aussi comment Snoopy va réagir en la voyant. Elle adore les chiens, donc elle, ça va, mais lui ? Quand tu accueilles un animal que tu ne connais pas, tu ne peux pas savoir s'il va retourner ton appart et se mettre à tout mordiller partout. Ça peut très bien se passer mais ça peut également être le scénario catastrophe. Dans ces cas-là, tu te dis : je fais quoi ? je range toutes les chaussures, je mets tout en hauteur… ? Hein, je fais quoi ?

Par chance, ou pour m'éviter le craquage, la première nuit se passe comme sur des roulettes. Snoopy est sage comme une image. Caroline, la véto, m'avait prévenue : souvent les chiens issus de refuges sont très calmes pendant les trois semaines voire les deux mois qui suivent leur sortie. Et c'est vrai. Snoopy ne fait pas exception à la règle. Dès qu'il est en appartement ou à Curie, il est exemplaire. En revanche, dès qu'il pose une patte dehors, il redevient un ado ! Il court dans tous les sens et reprend son activité favorite : la chasse aux pigeons ! Pour moi qui dois le garder en laisse, c'est assez compliqué, parfois même un peu douloureux, mais il ne faut pas nier que toute cette énergie et cette bonne humeur font plaisir à voir.

Le programme de la deuxième journée est consacré au point santé. Dans l'ensemble, elle est bonne, et nous le savons déjà. En partant de Pornic, nous avions constaté sa maigreur, mais ça ne suffit pas. Il faut aller un peu plus loin que ça. Caroline travaille à l'ENVA, c'est un peu le temple des vétérinaires, et c'est là que nous allons la voir.

Cette fois, c'est Élodie qui nous accompagne. Elle ne veut pas attendre notre retour pour faire la connaissance de Snoopy et propose de nous emmener en voiture. Nous faisons le chemin à pied depuis chez moi jusqu'à la porte d'Orléans où nous devons la rejoindre. C'est une sorte de défi. Je ne sais pas comment Snoopy va réagir à tous ces stimuli. Est-ce qu'il va sursauter au moindre bruit de camion ? Est-ce qu'il va aboyer après chaque klaxon ? Comment ce chien de la campagne va-t-il appréhender la ville dans tout ce qu'elle a de plus brutal ? Sans parler des pigeons et des autres chiens en laisse. Mais je ne me décourage pas. D'abord parce qu'il y a des matins moins bruyants que d'autres, et ensuite parce que cette balade va lui faire du bien avant de prendre la route.

Après qu'il a fait pipi sur la totalité des arbres et porches à sa disposition, nous retrouvons Élodie qui n'en peut plus d'attendre. Snoopy est accueilli comme une rockstar. Sa nouvelle fan lui tend les bras : Snoopyyyy !!!! Inutile de dire qu'il est aussi surpris que satisfait.

À l'ENVA, Caroline confirme ses observations précédentes : il a besoin d'être requinqué et de faire un tour complet de tous les indispensables vermifuges, antiparasitaires et vaccins. À part ça, tout va bien. Nous rentrons avec le carnet de santé tamponné et un sourire jusque-là. Dès demain, il pourra faire son entrée au bureau en toute sérénité.

Cependant le planning initial n'était pas celui-là. Nous devions obtenir le diplôme de l'ACACED avant d'agrandir notre famille, et notre formation commençait la semaine d'après. Évidemment il était hors de question que Snoopy reste seul. C'est donc Nelson, le compagnon d'Élodie, qui inaugure la garde alternée pour que je puisse retourner sur les bancs de l'école.

La formation se passe à l'ENVA. Nous rencontrons les autres élèves et comprenons très vite le fossé qui nous sépare. Nombre d'entre eux travaillent dans le milieu canin. Qu'ils promènent, éduquent ou gèrent des chiens, ils ont tous des bases solides qui tranchent avec les nôtres. Ils connaissent toutes les races de chien, leur alimentation, leur provenance, leur histoire, leur préférence amicale. À nous cinq, nous n'en connaissons que quatre : malinois, springer, labrador et cocker. Et encore, nous n'avons travaillé qu'avec les trois premiers. Cette nouveauté nous plaît et nous rend curieux. Alors peut-être par habitude ou par goût du challenge, nous sommes tous poussés automatiquement par une extraordinaire envie de réussir. De toute façon nous n'avons pas d'autre choix puisque Snoopy est déjà là.

Les révisions sont, une fois encore, l'occasion de bonnes parties de rigolade. Nous nous retrouvons ensemble à réciter les différents groupes de chien que nous avons dû apprendre par cœur, les étapes de la reproduction ou encore les différents modes d'alimentation. Au bout du compte nous finissons par décrocher le fameux sésame. Tout le bureau est diplômé et fier de l'être.

Après une petite célébration – il ne faut jamais rater l'occasion de boire une bière –, je récupère Snoopy, et nous voilà partis pour un mois de cohabitation. Sur les papiers d'adoption je suis sa référente, donc c'est à moi que revient l'honneur de l'habituer à sa nouvelle vie. Toutefois, il est en placement provisoire. S'il n'aime pas son nouveau métier, il a le droit de nous le faire savoir.

C'est assez horrible de dire ça maintenant, alors que nos liens sont devenus extrêmement forts, mais je garde des premiers jours un assez mauvais souvenir. Ou, pour être plus exacte, c'est une période assez stressante.

Théoriquement, Snoopy devait arriver en janvier. J'avais donc prévu un maximum d'activités en décembre : opéra, restaurant avec les copains, théâtre… Je ne vais pas annuler mais je vais devoir m'adapter et apprendre à le laisser seul de temps en temps. Pas top, mais heureusement ça se passe bien. À côté de ça, ma meilleure amie campe toujours sur mon canapé pour cause de déménagement, et j'ai également l'intention de partir fêter Noël en famille dans une location dont j'ignore la taille exacte. Nous sommes nombreux, j'ai des neveux et nièces en bas âge, il y aura de l'agitation, des jouets partout et quiconque a vécu un repas avec de jeunes enfants sait ce que cela signifie pour un chien. Tout bêtement, je ne sais pas si je vais y arriver. C'est la fin de l'année, je suis épuisée, malade, je n'ai jamais eu de chien chez moi, j'ai envie de bien faire, envie qu'il soit heureux, qu'il ne manque de rien, et j'ignore si je serai capable de répondre à ses besoins, si je vais accepter qu'il retourne complètement mon appartement, si je vais avoir envie de sortir pour le pipi du soir sous la pluie. Attention, gros chamboule-tout, tempête sous un crâne ! Je réalise que ce n'est vraiment pas une mince affaire de prendre un chien. C'est bête à dire comme ça, mais fantasmer la vie avec un chien et passer à la pratique, c'est totalement différent. Ça demande du temps, de l'investissement. On a beau l'adorer et le vouloir le plus sincèrement du monde, parfois on est un peu découragé. Heureusement je ne suis pas seule. J'ai l'équipe avec moi pour m'aider et m'envoyer toute l'énergie nécessaire.

# Garde partagée

## ÉLODIE

Depuis le départ, c'est-à-dire depuis l'élaboration du projet, nous pensons que Snoopy doit être gardé à tour de rôle chez chacun d'entre nous. Malheureusement il y a eu le « bug chat » qui fait qu'Hédi ne peut pas entrer dans la boucle, mais à part ça, nous respectons notre idée de base.

Snoopy habitera une semaine par mois chez Marguerite, Isabelle, Maxime et moi. Ce n'est pas découpé comme un camembert de façon systématique et linéaire. Il faut s'adapter aux contraintes de chacun, aux vacances, aux congrès et que sais-je. Maxime par exemple peut rarement prendre Snoopy pendant le week-end. On le savait, on en avait discuté, et le planning est fait en conséquence.

Dans l'unité, on aime les choses simples alors on va droit au but. Pour le planning de garde, on n'élabore pas un fichier évolutif compliqué sur Excel, Google ou je ne sais quoi. On prend un gros calendrier mural en carton, chacun a sa couleur, et on écrit directement dessus. À l'ancienne. Facile, rapide, efficace. Cela nous permet aussi de voir s'il y a des trous, et le cas échéant s'il faut trouver une solution. Si l'un de nous est malade, se blesse ou a un problème personnel, il faut tout réorganiser du jour au lendemain. Il faut être flexible, c'est ça le secret.

Avoir Snoopy une semaine à tour de rôle, ça veut dire beaucoup. Chacun est impliqué à parts égales, et il a véritablement quatre foyers où il se sent chez lui. Sans compter le bureau qui est finalement sa vraie maison. C'est là qu'il est tous les jours, qu'il travaille, et qu'il vit avec nous tous.

À ce sujet, il y a une remarque qui revient très souvent. On nous parle de stabilité. Je dirais même de stabilité émotionnelle, psychologique. Est-ce que toutes ces maisons ne sont pas perturbantes pour lui ? Je tiens à dire que la garde partagée a été la question numéro un lors de l'élaboration du projet. D'abord entre nous, pour savoir si nous étions tous d'accord, puis auprès de Caroline pour savoir si c'était possible dans la relation que nous aurons avec notre compagnon.

Sa réponse nous a éclairés d'une façon aussi encourageante qu'inattendue. Elle nous a dit très simplement que « un chien – un maître », c'est plaquer des schémas humains sur la relation homme-animal. Évidemment il y a des chiens très anxieux qui vont avoir besoin d'un unique référent, et qui, en l'absence de ce dernier, peuvent montrer des signes de stress. Par exemple ils vont grignoter tout ce qu'ils trouvent, ou faire pipi partout. Il y aura toujours quelqu'un pour te raconter que Kiki a fait une grève de la faim quand il a été gardé pour un week-end, ou que Médor pleurait sans s'arrêter dès que sa maîtresse le quittait. Les histoires ne manquent pas et elles sont toutes vraies. Mais on oublie qu'une relation de ce genre est souvent duelle. C'est la même personne qui donne à manger, qui félicite, promène, caresse, etc. Ce scenario est un schéma qui se construit.

Et puis il y a autre chose : les chiens ont leur personnalité. Il y a les joueurs, les indépendants, les protecteurs, les sociables, les craintifs et les opportunistes, comme Snoopy par exemple, qui va aller vers ce qui est le mieux pour lui. En l'occurrence, il s'est très vite aperçu qu'il était bien nourri, traité et cajolé par nous quatre donc il n'y a aucun souci.

Conclusion, un chien peut avoir plusieurs maîtres, plusieurs maisons, à une condition : il doit avoir le caractère qui va avec. C'est ce à quoi nous avons été particulièrement attentifs lors de sa sélection. Pour le bien-être général : s'il va bien, on va bien, les patients vont bien et il va bien. Finalement c'est assez simple.

Parlons-en, de son bien-être. Moi, par exemple, j'habite en banlieue. Eh bien avant Snoopy, j'allais rarement en forêt. Parfois le dimanche ou pendant les vacances, mais pas plus. Maintenant, j'y vais le week-end à chaque fois qu'il est avec moi. J'ai même couru en forêt ! On frise l'exploit. Blague à part, on a tous cet objectif dans le viseur. Que ce soit avec les balades, les jeux ou les papouilles, on a toujours voulu qu'il soit heureux dans ce qu'il fait au quotidien. C'est une priorité pour nous, et ça aussi, ça faisait partie du contrat de départ.

Donc oui, quatre maisons, mais aussi quatre fois plus d'endroits où se faire chouchouter.

# OK chat

## HÉDI

Quand Caroline a confirmé que Snoopy n'était définitivement pas « OK chat », ça a été un peu dur à avaler. Pour moi, mais aussi pour mes enfants qui attendaient son arrivée avec impatience. Résultat, juste avant les fêtes, il règne une ambiance un peu pesante à la maison. C'est là que mon mari a dit : « On ne va pas rester là-dessus, on voulait un chien alors on va prendre un chien. » Euphorie générale, même si j'ai légèrement le tournis. Peut-être un peu galvanisé par la réaction de Titouan et Lou-Anne, il émet l'idée d'adopter un cane corso. Ma joie se transforme immédiatement en fou rire. J'imagine mes enfants essayant de retenir leur gentil molosse lancé à la poursuite d'un pigeon dans un parc totalement mort de peur ! Puis l'énorme chien sur le canapé deux places écrasant à moitié Popeye ou faisant les cent pas près de la porte pour aller se dégourdir les pattes. Non, décidément, ce n'est pas l'idée du siècle. Exit le chien géant, nous voici repartis dans un processus d'adoption plus réaliste. C'est ainsi que le 5 janvier nous accueillons Tokyo, un berger australien de quelques mois.

Le temps passant, les progrès de Snoopy font plaisir à voir, et encore une fois, je vis les choses un peu différemment. À chaque étape de son éducation, je ne peux m'empêcher de comparer avec Tokyo. C'est comme si j'avais deux enfants qui grandissaient en même temps mais pas au même âge, ni au même endroit. Un peu bizarre, mais c'est comme ça.

Lorsqu'il arrive à Curie, Snoopy est déjà propre alors que nous en sommes encore à mettre nos pieds dans des chaussons mouillés. Il accepte de rester seul alors que je dois encore éviter l'angoisse de la solitude du chiot. J'envie parfois l'équipe de ne pas avoir à passer par ces étapes mais je me réjouis de sa présence tant attendue et par-dessus tout de sa bonne entente avec Popeye !

# Apprendre à apprendre

## MARGUERITE

Son arrivée à Curie est un événement. Après une orgie de caresses, il repère le panier qui l'attend derrière le fauteuil de Maxime. Une sorte de matelas ovale envahi de jouets, et de machins à mordiller. Snoopy a bien compris qu'il allait être bichonné et visiblement il adhère complètement à l'idée. Il fait le tour de son domaine, trouve sa position et s'allonge d'un air de dire « c'est bon, je suis super bien, vous pouvez faire vos trucs d'infirmiers, je ne bouge pas ».

Certains collègues passent aussi voir la star, d'autres le croisent dans les couloirs. Il ne va pas encore en consultation ou en hospitalisation. Le fameux Snoopy devient une réalité, autant pour ceux qui l'attendaient que pour ceux qui ignoraient son arrivée. Un grand chambardement qui nous conduit à faire quelques ajustements.

Malgré ce beau démarrage, je sais, tout comme le reste de l'équipe, que Snoopy doit rester un peu à la maison au début. Dans les premiers temps, nous faisons de petites journées à Curie, suivies d'une longue marche pour rentrer, puis je reprends en télétravail pendant qu'il dort à mes pieds.

En parallèle de ce nouveau planning de ministre, Snoopy doit s'entraîner à vivre à proximité d'adultes et d'enfants fragiles. Nous avons vu qu'il aime le contact des humains mais ce n'est pas suffisant. Il reste un jeune chien un peu foufou qui n'a aucune éducation. Nous devons très vite lui inculquer les bases puis, assez rapidement, viendront les apprentissages pour les interactions dans l'hôpital. Le refuge nous a donné une période test d'un mois pour vérifier que tout va bien, autant pour Snoopy que pour nous. L'enjeu de l'éducation est majeur. Si ça ne fonctionne pas, il ne pourra pas rester.

Mon principal souci, au tout début, c'est son rapport à la nourriture. Il est affamé et saute sur tout ce qui se mange. On peut presque dire qu'il se comporte en mode survie et ce, malgré les bols de croquettes que je lui donne à heures fixes. Si j'ai le malheur de laisser traîner un morceau de pain sur la table ou une épluchure sur mon plan de travail, hop, c'est avalé en deux secondes.

Cela fait environ une semaine que j'habite avec lui quand Aurélie vient chez moi pour une séance d'évaluation. Il ne connaît pas l'ordre « assis », vient très peu quand on l'appelle et se fiche éperdument du « non ». Il faut vraiment régler ce problème en urgence. L'éducation d'un chien ne s'improvise pas. Il y a des techniques bien précises, et si on veut que ça fonctionne, il va falloir qu'Aurélie nous les enseigne. On va devoir apprendre à apprendre.

Ce jour-là, Snoopy et moi découvrons le clicker. C'est un petit boîtier de la taille d'une clef sur lequel on appuie et qui émet un clic sec. Il faut appuyer pile au moment où le chien fait ce qu'on lui demande, et le récompenser avec une croquette ou du jambon, pour qu'il assimile bien l'enchaînement cause-conséquence.

Par exemple, il reste assis sans bouger, clic, et récompense. Il commence ainsi à comprendre la consigne. On recommence autant de fois que nécessaire puis on ajoute une consigne supplémentaire si on le souhaite. Clic, récompense, on recommence, etc.

Donc on lui apprend la méthode, parce que si je clique et qu'il ne comprend pas pourquoi… ça ne sert à rien. Sa gourmandise répond parfaitement à ce système, ce qui évidemment nous amuse, mais nous rassure également pour la suite. Les exercices sont filmés et partagés avec l'équipe afin que nous soyons tous au même niveau lorsque nous commencerons les formations en groupe dans un mois. En effet, puisque Snoopy vient déjà au bureau, il est plus logique, et plus utile, de se former tous ensemble. Les pauses déjeuner se changent ainsi en ateliers training.

Suite à un grand nombre de démissions, l'Institut a été obligé de fermer un service de chirurgie digestive. Ce lieu, que nous appelons le « 4 zone 2 », est vide de patients et de soignants, ce qui nous permet d'entraîner Snoopy tranquillement. Il se familiarise avec les couloirs, les chambres, et puisqu'il n'aura pas le droit d'y entrer, il apprend à rester sur le seuil. Nous nous asseyons dans une véritable salle d'attente pour qu'il la traverse lentement comme il le ferait si elle était pleine de patients, et bien entendu nous travaillons sur son comportement alimentaire.

Finalement, au bout de quelques semaines, cette histoire de gloutonnerie est réglée, et de notre côté, nous prenons de nouveaux réflexes que nous reproduisons à la maison. Aujourd'hui nous n'utilisons plus le clicker (sauf quand Aurélie vient faire un petit rappel d'éducation) mais chacun à notre manière nous continuons d'entretenir les bonnes habitudes de Snoopy. Par exemple s'il reste assis avant de commencer sa gamelle, nous n'oublions pas de le féliciter ; s'il nous regarde et marque une pause avant de revenir vers nous lors d'une balade, il récolte une friandise, et les félicitations quotidiennes sont si nombreuses qu'on retrouve des croquettes dans toutes nos poches de manteaux.

# Zigzag

## HÉDI

Dans le couloir que nous dédions à l'éducation de Snoopy nous abordons toutes sortes de points. Aujourd'hui nous passons à une étape qui se retrouve assez peu au quotidien mais qui a néanmoins son importance. Nous apprenons à Snoopy à passer entre nos jambes en faisant des zigzags de droite à gauche. Pas sûr qu'on reproduise l'exercice dans les salles d'attente mais le but est ailleurs. Il faut casser la routine du assis-debout-couché-viens ici. Snoopy a besoin d'être stimulé intellectuellement, et pour le faire réfléchir, il faut varier les jeux. Parfois, on cache des croquettes sous des gobelets, façon « bonneteau ». Il observe, se concentre, cherche à repérer le bon gobelet, celui qui cache la croquette qu'il va pouvoir attraper. Il adore ces activités qui créent du lien entre nous et qui changent son quotidien.

Là, il faut qu'il mémorise un enchaînement. Pourquoi pas. Va pour l'exercice des zigzags. Isabelle, Marguerite, Élodie et Maxime exécutent sans problème la consigne. Il faut avancer la jambe droite et le bras gauche en même temps. Snoopy passe sous la jambe, récupère une friandise, puis on inverse : jambe gauche, bras droit, etc. Pour eux, rien de compliqué. Pour moi, c'est une galère sans nom. Pourtant, les pieds et les mains, c'est mon domaine mais là, mon cerveau ne connecte pas du tout. C'est le grand bug de l'an 2000. Parler, avancer, cliquer, donner une croquette… Il faut croire que ça fait appel à trop de coordination. J'avance toujours le mauvais bras avec la mauvaise jambe, je bafouille des membres, Snoopy ne sait plus où aller, l'exercice ne veut plus rien dire, et mes quatre compères sont pliés de rire sur le côté. Aurélie ne sait pas trop quoi en penser. Elle hésite entre consternation, énervement et rire. Après plusieurs allers-retours totalement ridicules, je jette l'éponge. Élodie chante la chanson de Genesis « I Can't Dance » en reproduisant le clip où l'on voit Phil Collins et toute sa clique faire exactement le bon mouvement. Les autres la suivent en riant. Bravo, c'est malin.

# Une star et une étoile

## ÉLODIE

Pour travailler le rappel, il faut courir devant Snoopy, se tourner vers lui et l'appeler en souriant pour qu'il soit content de revenir. Ensuite il doit passer entre nos jambes, et s'il fait bien ce qu'on lui demande, il reçoit sa friandise. Déjà rien qu'avec ça, on a l'air bien allumé, alors quand on le fait dans la rue ou au jardin du Luxembourg devant des dizaines de touristes, ça vaut carrément le détour. Sans compter que ma façon de courir ne ressemble à rien.

Presque deux mois sont passés depuis nos premières séances, et nous continuons scrupuleusement à entraîner Snoopy dans le « 4 zone 2 ». Ce jour-là, les caméras de France 2 sont présentes. Un petit reportage est prévu pour le JT. Grâce à KDOG, Isabelle connait déjà de nombreux journalistes. Elle accepte très peu d'interviews, mais la nouvelle commence à s'ébruiter alors autant la rendre publique auprès de ceux en qui elle a confiance.

Elle ne veut surtout rien rater de ce qui se prépare, et se poste derrière le cameraman. Je l'aperçois quand je me mets en place. Elle a le regard impatient et un sourire à peine dissimulé. Elle sait d'avance qu'elle va bien rigoler. Me voilà donc en position, prête à prendre le départ. J'ai du poulet dans la main, je connais l'exercice par cœur et pourtant je ne suis pas du tout à l'aise. L'idée d'être filmée dans ce couloir avec Snoopy à mes trousses ne m'enchante pas. Mais qu'est-ce qu'on ne ferait pas pour lui ?

Je démarre, j'appelle Snoopy qui me suit en tirant la langue, je prends ma petite voix aiguë, je me tourne un peu vers lui en souriant, puis regarde droit devant moi, histoire de ne pas me prendre la double porte qui s'approche dangereusement. Je m'arrête, prends la position de l'étoile pour que Snoopy passe sous mes jambes, et lui donne son morceau de poulet. Mission accomplie. Le caméraman a l'air satisfait mais de mon côté j'ai l'impression de lui avoir livré un véritable spectacle de guignol. Isabelle pleure de rire. La course, le poulet, l'étoile, c'est bon, je lui ai fait sa journée. Je demande que la séquence soit coupée au montage (au cas où ce ne serait pas évident). Il aura plein d'autres choses à montrer.

Non sérieusement, il n'y a pas que les histoires de courses et de caméra. À force de rigoler, on oublie un peu que les séances d'éducation ne sont pas un jeu. Elles demandent du temps, de l'énergie et de la motivation. Si tu n'as pas véritablement envie de t'investir, ça ne peut pas fonctionner.

Ce qui nous donne la force de continuer, c'est que, avec la répétition quotidienne de tous les exercices, nous voyons que Snoopy évolue. Néanmoins quelques rappels sont parfois nécessaires, et Aurélie nous rend encore visite de temps en temps pour redresser la barre.

# V comme victoire

## ISABELLE

Depuis plusieurs années, nous soignons Madame V. pour une plaie chronique au sein. C'est une patiente d'environ 80 ans qui a eu un parcours compliqué avec plusieurs récidives, pas toutes prises en charge à Curie. Elle avait souvent des crises d'angoisse, de peine, et ce qui la faisait tenir, c'était son chien. Un basset qu'elle adorait. Il m'est d'ailleurs arrivé à plusieurs reprises de la calmer en lui conseillant de parler à son chien. Il faut dire qu'on avait du mal à traiter cette plaie. Dans ces cas-là, l'angoisse peut rapidement se faire une place dans le quotidien des malades.

Et puis Snoopy est arrivé. À cette époque, elle était à peu près stable et elle a été l'une des premières à l'accueillir lors des consultations. Elle insistait pour qu'il soit là. Sa présence était importante pour elle, et nous n'allions certainement pas aller contre sa volonté.

Malheureusement, après quelques mois, on s'est aperçu qu'elle avait développé un cancer sur l'autre sein. Même si nous avions atteint un état stable du point de vue de la plaie, Madame V. restait assez fragile psychologiquement, et on appréhendait pas mal le moment de l'annonce.

Je peux affirmer sans aucun doute possible que la présence de Snoopy a réellement changé les choses ce jour-là. La chirurgienne qui allait l'opérer devait lui expliquer l'évolution de sa maladie. Cette médecin n'est pas fan des chiens mais aime bien Snoopy et savait que Madame V. était très attachée à lui. De l'avis de tous, il était bon que Snoopy assiste à cette consultation. Résultat, les informations, bien que noires et nombreuses, ont été moins tranchantes, grâce à celui qu'elle a elle-même appelé « son docteur et son référent à Curie ».

Aujourd'hui cette patiente va mieux, et fort heureusement, nous la voyons moins. Entre ses rares visites, elle continue d'envoyer des mails pour demander des nouvelles de Snoopy.

# Carré VIP

## ISABELLE

Au tout début de notre vie commune avec Snoopy, il a fallu l'habituer aux transports. C'est Marguerite qui a eu cette mission pendant tout le premier mois puisqu'il fallait bien venir au bureau d'une façon ou d'une autre. La solution A, c'était le RER ; la solution B, c'était la marche ; et la solution C, c'était le triporteur.

C'est vrai qu'on voit plus communément des enfants dans ce genre d'engins mais, avec Maxime, elle décide de tenter le coup. Après tout, qu'est-ce qui pourrait l'empêcher de rester assis ? La réponse à cette question est grise avec un bec et deux ailes. Ce qui l'empêche de rester assis est également ce qui nous empêche de le faire marcher tranquillement en laisse. C'est son jeu préféré depuis qu'il est arrivé à Paris : *la traque au pigeon*. Dès qu'il en voit un, il se dresse sur ses pattes et tente de sauter hors de la remorque. Évidemment Maxime et Marguerite s'accrochent, mais en vain. L'instinct naturel du chien l'emporte, et le triporteur repart donc sur Leboncoin.

La solution C s'étant révélée trop dangereuse, Marguerite a persévéré dans l'apprentissage du RER, en alternance avec les trajets à pied. Aujourd'hui, Snoopy est un passager modèle mais je ne l'emmène avec moi que quand je suis sûre d'éviter la foule. Ce n'est agréable pour personne d'être serré comme des sardines sans compter qu'il se fait marcher sur la queue. En revanche quand nous trouvons une place assise, c'est un bonheur.

C'est ce qui nous est arrivé la dernière fois. Nous descendons sur le quai, et je suis abordée par une femme d'une quarantaine d'années qui me demande un peu timidement : « C'est Snoopy ? » Je réponds oui en riant et je m'aperçois que, l'air de rien, il commence à avoir sa petite notoriété. C'est assez réjouissant car cela veut dire que sa mission dépasse les murs de Curie et que l'accueil est positif. La femme demande à prendre une photo, et bizarrement, alors qu'on ne lui a rien appris à ce sujet, Snoopy prend immédiatement la pause. Dès qu'il voit un objectif, il se met assis, se tient bien droit et attend que l'appareil se baisse pour revenir en position cool. C'est assez étonnant. Une vraie star !

Le RER arrive et je m'assieds dans un carré comme je le fais très souvent avec lui. Il se passe alors ce qui se produit absolument toujours : l'un de mes compagnons de voyage remarque l'inscription « chien médiateur de l'Institut Curie » sur son harnais, et commence à me poser des questions. Ça démarre toujours par le rôle de Snoopy. Ah bon ? un chien à l'hôpital ? c'est dingue ! Mais comment vous faites ? Et ça marche ? Ah ! mais oui, moi je trouve ça super, j'adore les chiens, etc. Puis on dérive sur le cancer. Et là, je vois et j'entends de tout. Cette fois, c'est une femme qui me raconte son traitement, comment elle s'est sortie de la maladie grâce à un dépistage précoce. Ah bon ? reprend la voisine, c'est important la mammographie ? Et moi d'enchaîner sur la temporalité, le dépistage, les chances de guérison, etc.

Malgré les campagnes répétées qui assènent toujours le même message, à peine 50 % des femmes en France répondent aux campagnes nationales pour le dépistage du cancer du sein, et seulement 35 à 40 % des cinquantenaires et plus font suite au courrier envoyé pour le cancer colorectal. C'est dingue, non ? Si on cumule les appels à dépistage de la Sécu et les ordonnances des gynécologues, on monte à environ 60 %, ce qui est déjà pas mal car si le cancer du sein est pris tôt, il a neuf chances sur dix d'avoir une rémission à cinq ans. Les traitements sont moins lourds aussi. On a la chance de vivre dans un pays qui encourage le dépistage, alors profitons-en.

La Sécu envoie des papiers à partir des 50 ans de l'assuré mais il est tout à fait possible de faire les examens avant. Il suffit d'en discuter avec son médecin. Cependant il n'y a pas que le cancer du sein. Sans vouloir être catastrophiste, il faut tout surveiller, faire son frottis régulièrement, et par ailleurs, le dépistage colorectal n'est pas réservé aux hommes : c'est le deuxième cancer le plus fréquent chez la femme alors que c'est le troisième chez l'homme[14]. Dans les deux cas, plus il est détecté tôt, plus il a de chances d'être soigné. Ça vaut quand même le coup de faire un effort !

C'est étonnant de voir comme le cancer est abordé simplement à travers la présence de Snoopy. Pourtant notre cerveau collectif persiste à mettre à distance cette maladie malheureusement banale, voire à la nier tant elle fait peur.

---

14. Pour plus d'informations sur les modes de prévention et de dépistage voir : ligue-cancer.net

Alors quand il permet d'en parler, je m'en réjouis d'un côté, mais de l'autre je me dis que notre cerveau d'humain est bizarrement fait. Il se débrouille toujours pour occulter ce qui le contraint et l'angoisse, quitte à s'arranger avec la réalité et la science. Ça me fait penser à ce qu'explique Albert Moukheiber, chercheur et psychologue clinicien. Dans l'une de ses nombreuses conférences, il affirme que si on dit à un fumeur : « Si vous fumez cette cigarette ce soir, vous mourrez demain », alors il ne la fumera pas. Mais le fait de dire qu'« un jour » il risque d'en mourir met le danger à distance. Cela n'est plus qu'une hypothèse qui permet au fumeur (et à son cerveau) de reporter, voire nier cette réalité… tout en continuant à fumer. Cette protection nous permet peut-être d'être heureux.

Snoopy ne bouge pas, il a l'habitude. Pendant ce temps, les voisins du carré d'à côté le regardent en souriant. « Oh ! il est vraiment trop mignon et trop sage, ce chien. »

Le monsieur assis près de l'autre fenêtre intervient alors dans la discussion. « C'est quoi, une famille à risque ? Et est-ce que les hommes peuvent avoir des cancers du sein ? » Ça y est, il a lancé le deuxième carré dans le jeu. Ils sont désormais sept à me solliciter. Je réponds patiemment à toutes leurs questions. J'ai bien dormi la nuit dernière, je suis reposée. Ça va.

Tout le monde a plus de 50 ans, et visiblement ils ont tous reçu le courrier de dépistage du cancer colorectal. Nous voici donc partis sur une zone du corps qui n'a plus rien à voir avec les seins. En revanche, j'en suis toujours à expliquer la nécessité du dépistage. Concrètement nous échangeons très tranquillement sur le pourquoi et le comment des analyses de selles au milieu du wagon alors qu'il y a quinze minutes nous ne nous connaissions pas. Alors pardon mais si on peut s'interroger à haute voix sur son caca avec une tripotée d'inconnus, qu'on ne vienne pas me dire que les chiens ne créent pas du lien entre les humains.

C'est ça, qui est magique avec Snoopy. Il libère instantanément la parole. C'est comme s'il permettait aux gens de poser simplement leurs questions, sans gêne, sans arrière-pensée, sans frein. Je ne sais pas quel mécanisme est mis en branle, comment ça fonctionne dans leur tête, toujours est-il que quand Snoopy est là, les sujets fusent et les discussions émergent. Je peux dire que ça ne rate jamais. Cette fois ça allait parce que j'étais en forme mais ce n'est pas toujours le cas. Quand je rentre tard, que j'ai eu une journée compliquée, ou que très simplement j'ai mal dormi, je préfère me carapater au fond du wagon, dans un petit coin. Eh bien malgré toutes ces précautions, rien n'y fait. Lorsqu'il y a Snoopy, il y a contact. Je ne parle pas forcément de cancer à chaque fois, mais dès que je parle d'accompagnement des soignants, tout le monde tombe d'accord. Chacun veut son Snoopy au travail.

# Laisser la laisse

## HÉDI

Nous avons adopté Snoopy le 7 décembre, et c'est au début du mois de février, si je me souviens bien, que nous avons sollicité Marc Papon, le psychologue de Curie.

M. Papon est celui qui nous a aidés à communiquer. Ça peut paraître étrange mais à certains moments, quand on est très lié, on oublie comment s'adresser les uns aux autres. Nous voulions être sûrs d'avoir une parole libre, d'oser dire si quelque chose n'allait pas avec Snoopy. Il avait déjà connu une situation à peu près similaire en tant que simple observateur dans un établissement de soins palliatifs qui avait également choisi la garde partagée. Il pouvait donc nous donner des conseils précieux, notamment sur tout ce qui touche à la famille : est-ce qu'on ramène un chien à caresser ou du travail à la maison ? On n'y avait pas pensé, mais c'est une bonne question.

En effet, Snoopy n'est pas qu'un chien, c'est le chien de Curie. Aucun maître n'a envie de perdre son chien, c'est horrible, hyper triste et angoissant. Mais quand il s'agit du chien de l'Institut Curie, c'est encore pire parce que ça touche tout l'hôpital, de la direction jusqu'aux patients. Il y a une responsabilité supplémentaire, et quand il part en balade ou en week-end, c'est toujours un peu présent. Donc non, ce n'est pas qu'un chien.

Et puis il y a autre chose. Avec un animal domestique, les gens ont une certaine souplesse sur l'éducation. Il arrive qu'on le laisse monter sur le canapé, qu'on le prenne sur le lit, tout existe, chacun fait ce qui lui semble juste. En revanche, avec un chien de travail, il faut rester discipliné. D'autant plus quand la garde est partagée. Tout le monde doit être au diapason. Ce serait tout de même dommage que Snoopy se mette à monter sur le lit d'un malade ! Sans compter que ce serait très perturbant pour lui. Si on lui interdit dans trois maisons et qu'on lui permet dans la quatrième, il va être perdu. Tout l'inverse d'une bonne idée.

Enfin, un chien « pro » va sortir plus souvent qu'un simple animal de compagnie. S'il ne prend pas l'air, s'il ne se dégourdit pas les pattes régulièrement, il travaille moins bien. Isabelle le savait déjà pour les chiens de détection, et nous l'avons très vite remarqué avec Snoopy. Pendant la semaine, nous nous en chargeons tous, et pendant les week-ends, comme je ne peux pas le prendre, c'est avec le reste de sa famille qu'il se dépense pour arriver en forme le lundi matin.

Avec M. Papon, nous travaillons aussi à définir le cercle élargi des « personnes-ressources ». Le bien-être est le cœur de notre projet. Il y a celui de Snoopy qui est constamment surveillé, mais aussi le nôtre, qui conditionne celui de Snoopy et donc celui de nos chers patients. Nous ne sommes pas inépuisables, il nous faut un relais.

Pour identifier les personnes-ressources, il nous demande de réfléchir en pelures d'oignons – ou en cercles, pour ceux qui n'aiment pas les oignons. Nous sommes le noyau et nous devons déterminer qui sont les cercles qui nous entourent en fonction de leur niveau d'implication. Il ne s'agit pas de laisser Snoopy en dernière minute quand on explose, mais bien de trouver une organisation, un appui, qui permet justement de ne pas exploser.

Dès le départ, nous l'avions présenté à toutes les personnes travaillant dans l'hôpital. On ne peut pas débarquer avec un chien sans dire qui il est, ni expliquer la raison de sa présence. Chaque service est prévenu de son arrivée lorsqu'une interaction est programmée, et les agents de sécurité le connaissent également. D'ailleurs, c'est plutôt sympa parce que ça nous donne l'occasion de discuter avec pas mal de gens qu'on n'avait jamais croisés auparavant ! Tout le monde sait où « habite » Snoopy. Notre bureau n'est plus seulement celui des Plaies et Cicatrisation, c'est aussi le sien. Certains viennent dire bonjour timidement et repartent avec une banane pas possible, et d'autres, comme Corinne du laboratoire d'anapat'[15], tombent carrément en amour. Elle n'est pas la seule à avoir cette réaction, et nous sentons clairement un élan commun dans notre direction. Nous avons eu des dizaines de candidatures spontanées : si vous voulez, je peux aller le promener de temps en temps ; moi je peux le prendre en week-end ; et moi, en vacances, etc. Tout le monde voulait participer. On s'attendait à ce qu'il ait des fans, mais pas à ce point-là.

15. L'anatomopathologie est l'étude des lésions macroscopiques et microscopiques de tissus prélevés sur des êtres vivants ou décédés, par exemple : biopsie, frottis…

Pour simplifier l'organisation nous avons mis en place un groupe WhatsApp. C'est là que s'échangent les demandes d'interactions mais aussi de balade, les rapports de consultation vétérinaire et les photos de week-end.

Ce groupe ressemble aux conversations que l'on peut avoir avec ses parents, ses oncles, ses cousins… On poste des photos de Snoopy endormi sous un arbre, on remercie Corinne de lui avoir donné une douche dans son jardin, on s'apitoie sur sa petite mine après sa mini-anesthésie pour lui retirer un insecte coincé dans son oreille, et invariablement on colle des cœurs et des petits pouces levés à chacune des interventions des uns et des autres. Récemment il est parti à la mer avec M. Papon. On le suivait dans ses pérégrinations, ses siestes, ses contemplations. On admirait le Snoopy touriste et pensif. C'était adorable et drôle à la fois. Et puis il est revenu à Curie, et a repris son poste. Une photo est arrivée sur le groupe : Snoopy trottinant dans le couloir de consultation. Toutes les têtes sont tournées vers lui, et de loin, certains visages sont déjà souriants. Ce jour-là, il ira en USI[16] dire bonjour à l'équipe et à une patiente qui l'avait réclamé. Résultat : 10 pouces, 7 smileys et 8 cœurs.

Tous les jours aux alentours de 10 heures, Corinne envoie le même message : « Est-ce que Snoopy est disponible pour une petite balade vers 11 heures ? » C'est l'heure où elle fait sa pause. Quelques minutes seulement mais qu'elle souhaite partager avec celui qu'elle a appris à connaître depuis déjà deux ans. Elle le couve, le gâte, le chouchoute et participe même aux séances d'éducation

16. Unité de soins intensifs.

quand Aurélie vient à Curie pour redresser la barre. Il lui arrive également de partir avec lui en week-end et d'envoyer à tous les membres du groupe WhatsApp des photos du chien le plus gâté de la terre, allongé sur un plaid, devant un feu de cheminée. Personne ne l'oblige à faire ça. Si elle demande Snoopy tous les jours, si elle l'emmène en week-end, c'est parce qu'elle aime être à ses côtés.

Après ces petites et grandes attentions, Snoopy revient en pleine forme, prêt à aider. Dans ces conditions on peut presque se demander qui est la ressource de l'autre.

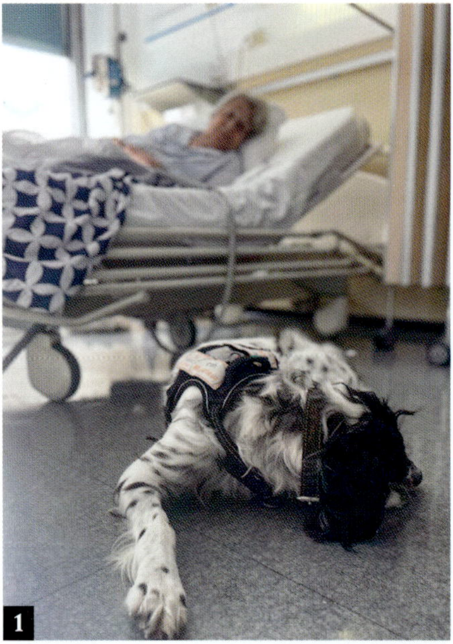

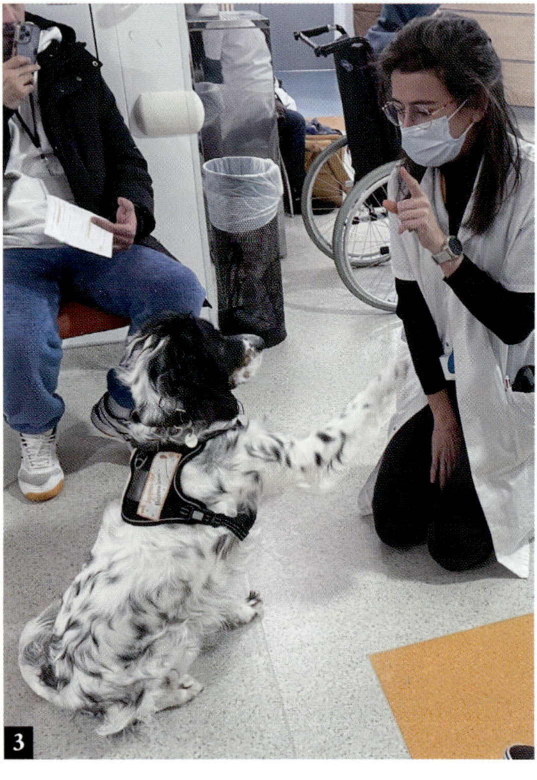

**1.** Snoopy dans la chambre d'une patiente âgée, ne présentant pas de risque infectieux.

**2.** Snoopy « au bureau », dans son panier.

**3.** Snoopy en salle d'attente avec Marguerite.

Privé
Accès
aux personnels
autorisés
Salle de réunion
Entresol B
Privé
Accès
aux personnels
autorisés
Salle de réunion
Entresol B

4

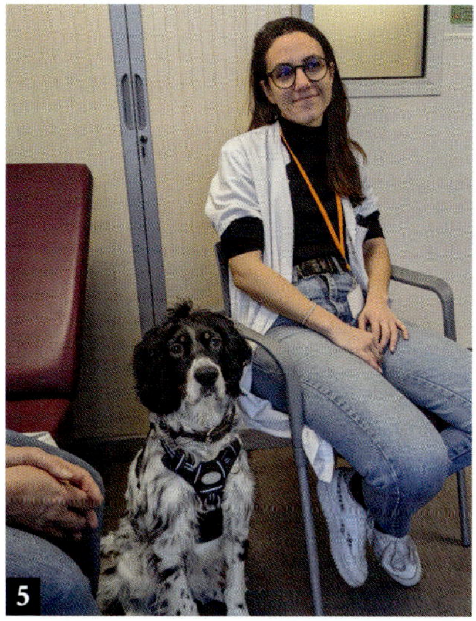
5

6

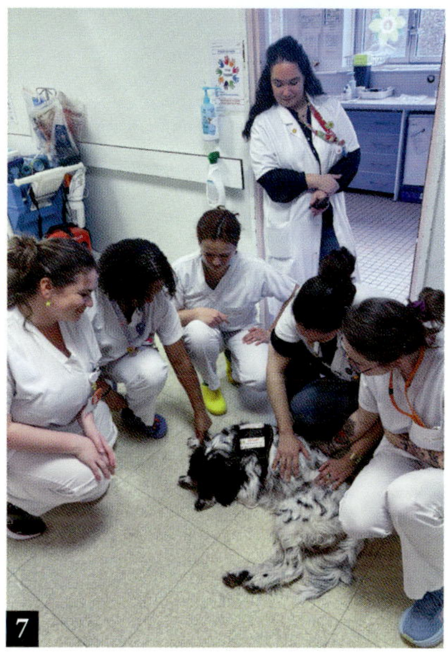
7

**4.** Snoopy en salle des familles, au service des AJA (Adolescents-Jeunes Adultes), posé sur le pied d'un jeune patient.

**5.** Snoopy en réunion à côté d'Élodie.

**6.** Visite d'équipe avec Snoopy sur le pas de la porte de Monsieur S. (voir p. 122, *En tête à truffe*).

7. Snoopy avec les infirmières du service des Adolescents-Jeunes Adultes.

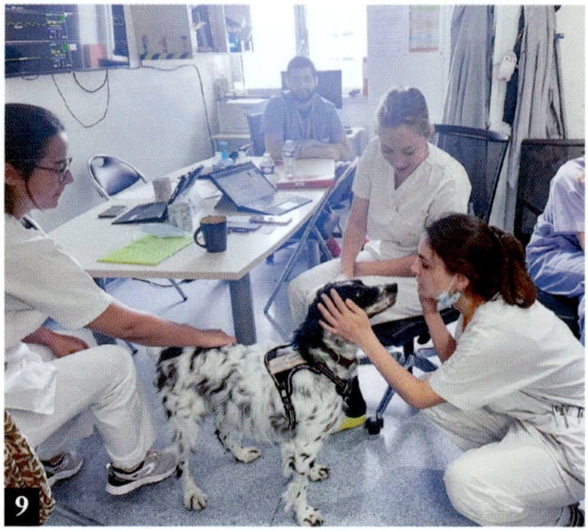

**8.** Corinne, l'une des personnes-ressources de Snoopy, prête pour l'emmener en promenade.

**9.** Snoopy de passage en Unité de soins intensifs pour saluer l'équipe.

**10.** Lancet, le chien pointer de la famille Sklodowski, extrait du journal intime de Marie Sklodowska, vers 1886. Une reproduction de cette illustration du chien de Marie Curie a été vendue aux enchères pour soutenir financièrement le projet.

**11.** Snoopy avec l'onco-gériatre et une patiente qu'il connaît bien — très interessé parce qu'elle mange !

12

13

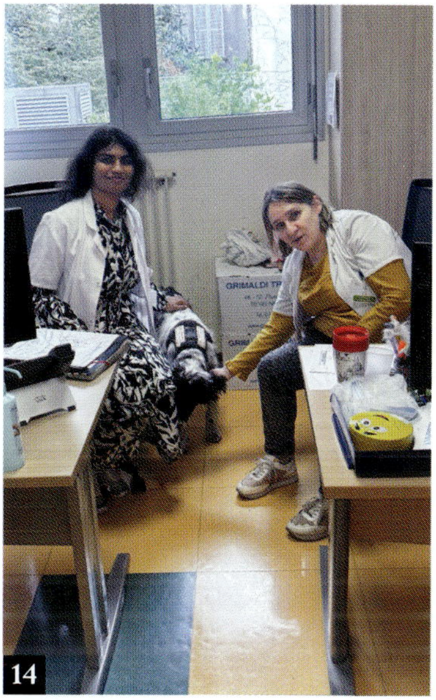

14

**12.** Snoopy entouré de gauche à droite par Maxime, Élodie, Marguerite, Hedi, Dr Florence Coussy et Isabelle.

**13.** Virginie Bel (personne-ressource) avec Élodie, Maxime et Snoopy au Symposium international de l'Institut Curie à la Maison de la chimie à Paris.

**14.** Zeinab et Patricia, les assistantes médicales en hôpital de jour de chimiothérapie (voir p. 113, Péché mignon).

SNOOPY

# Nadège

## ISABELLE

J'avais une collègue de fac, on l'appellera Nadège. Je ne peux pas dire qu'on était particulièrement amies mais on avait un point qui nous rapprochait : les chiens. Je savais qu'elle en avait deux qu'elle adorait, et de mon côté j'étais très investie sur KDOG. Je ne manquais jamais de lui demander des nouvelles de ses petits compagnons, et d'ailleurs, pour son anniversaire à elle, c'est à eux que j'offrais des cadeaux. Pas de quoi devenir les meilleures amies du monde mais avec le temps, nous avons tissé une relation ponctuée de blagues et de savoureuses conversations. Malheureusement, je l'ai vue débarquer un jour à Curie avec un cancer du col agressif et assez mal parti. Elle avait déjà suivi plusieurs cycles de traitements lorsque nous avons adopté Snoopy.

C'est à ce moment qu'elle a été hospitalisée. Elle savait parfaitement que son état n'allait plus s'arranger et qu'elle vivait probablement ses derniers jours. Nadège était une personne très joyeuse, et malgré mon expérience, j'avais du mal à être au diapason. Lorsqu'une personne que l'on apprécie vit ses derniers instants, c'est toujours assez compliqué. Et puis il y avait tout de même un fond d'inquiétude. Elle savait que son mari ne s'en sortirait pas avec les chiens. Ce serait trop pour lui. Alors on parlait de tout ça. De la fin, de la vie, de ses chiens, de ses craintes, de son mari, d'elle… et tout ça en présence de Snoopy qui n'était pas encore très bien éduqué. Ça la faisait rire. Nos adieux se sont faits entrecoupés de sourires parce qu'il mettait sa patte sur le lit alors que c'est strictement interdit, ou alors il jouait avec une alèse en intissé. Cette innocence dans ce moment si particulier, si chargé, la faisait rire. Elle était toute gaga et contente de le voir.

Elle a été hospitalisée plusieurs jours, et je me suis efforcée de venir la voir avec Snoopy le plus souvent possible parce que je sentais que c'était ça qui lui apportait, peut-être pas du plaisir, je ne sais pas comment l'exprimer, disons de la légèreté. C'était dur. Même si Snoopy était là, c'était dur. Mais au moins il la ramenait à quelque chose d'important pour elle, c'est-à-dire les animaux.

Elle avait aussi une famille qu'elle adorait mais dans sa nouvelle vie de jeune retraitée elle se projetait dans des temps de balade avec ses chiens. Et là, il fallait y renoncer. Elle était assez clairvoyante donc on a beaucoup parlé de cette énorme difficulté qui est de se dire que non, la retraite, ça ne va pas être ce qu'on pensait. Snoopy est resté là tout le temps. Il a ramené une forme de normalité dans cette situation anormale, et ça nous a fait du bien à toutes les deux.

Cette histoire est dure mais pas malheureuse. C'est notre métier. Si on arrive, dans ces moments si difficiles de la vie, à faire sourire et à mettre un peu de légèreté, alors je pense qu'on a bien fait ce qu'on avait à faire.

# Péché mignon

## MARGUERITE

Il y a deux entrées pour accéder à Curie. Celle de la rue Louis-Thuillier où se garent les ambulances, et l'entrée principale rue d'Ulm. Lorsqu'on arrive par la rue d'Ulm, on débouche sur un patio assez large avec un guichet d'accueil à gauche et des canapés multicolores au centre. Derrière ces canapés se trouve une sorte de passerelle qui conduit à l'HDJ.

Lorsque je m'y rends avec Snoopy, nous passons devant le bureau des secrétaires. Si pour moi la visite aux patients en attente de chimio est un moment privilégié, pour Snoopy c'est simplement le chemin qui est une promesse de bonheur. À quelques pas de la porte jaune, je le vois déjà remuer la queue. Il sait ce qui l'attend là-bas. Zeinab et Patricia sont deux fanas de la première heure. Dès que Snoop' est arrivé à Curie, elles ont commencé à lui faire des cadeaux, à rechercher sa présence. Et pour cause. Elles font un métier qui demande attention, concentration, organisation et self-control. Autant dire qu'elles ont souvent besoin de lâcher la pression.

Il y a plus de cent rendez-vous par jour en HDJ de chimio. Il faut les répartir, prévoir les temps de consultation, d'attente et de traitement. La préparation des poches de chimio est faite le jour même, car si les analyses du patient ne sont pas bonnes, la pharmacie n'ouvre pas les vannes. Tout cela implique de prévoir des créneaux qu'il faut faire entrer dans un planning qui n'est pas élastique. S'ajoutent à cela les impératifs de dernière minute et les urgences demandées par les médecins. Mettez le tout dans un shaker et vous obtenez une belle migraine. Ces femmes sont exceptionnelles. Elles prennent le temps de tout organiser pour les patients, d'imprimer leur plan de programmation de traitement, bref, c'est vraiment un job exigeant et loin d'être facile.

Nous sommes en plein milieu de la matinée. La porte de leur bureau est ouverte. Snoopy file directement les voir. Je n'ai pas le cœur de l'en empêcher. Je sais que ça leur fait plaisir, et de son côté, Snoop' va commencer sa journée avec une friandise. Plutôt sympa non ? Il le sait, il a son petit placard. Il sait même où est ledit placard et se poste devant jusqu'à ce que l'une d'elles en ouvre la porte. Nous sommes toutes d'accord pour dire que c'est le pire des coquins mais il nous fait fondre. Cela dit, quitte à passer pour la méchante de service, je fais tout de même attention à ce qu'il ne se gave pas de friandises. Il faut éviter qu'il grossisse trop. Nous passons un temps fou à surveiller sa santé, ce serait dommage qu'il ait des problèmes de poids !

Ça y est, il est passé près de Zeinab, puis de Patricia. Elles ont toutes les deux eu leur petit coucou de Snoopy. Ça n'a pas duré très longtemps mais cette visite surprise pendant leur casse-tête administratif les a fait sourire. C'est aussi ça, le but de sa présence. Avant de quitter le bureau nous discutons quelques minutes, de tout, de rien, de nous. Je savais déjà qu'elles étaient un pivot, une partie indispensable de notre édifice, mais je n'avais jamais pris le temps de discuter avec elles. Grâce à Snoopy, c'est chose faite.

# Un cercle vertueux

## ÉLODIE

Snoopy crée du lien. C'est tellement évident que ça en devient parfois drôle. Dans une salle d'attente, on pourrait presque prédire qui va parler à qui ! On sent l'atmosphère qui change, s'adoucit, alors qu'elle était lourde comme le plomb quelques minutes auparavant.

Avec le système des personnes-ressources, de nouveaux ponts sont apparus. Elles sont là pour une sortie, quelques heures de garde, ou parfois un week-end si on les connaît bien. Toutes ces personnes nous aident à assurer une constance dans les moments de pause de Snoopy, à garder le rythme, et font que la vie avec lui n'est pas une charge mais bien un plaisir.

On a nos habitués. Parmi eux il y a Corinne mais aussi les deux Virginies, Michel, M. Papon… Hédi a déjà raconté le message quotidien de Corinne. C'est idéal car nous ne sommes pas toujours disponibles pour sortir Snoopy. Cependant il est parfois attendu par un patient ou un service entier (la pédiatrie par exemple) et il faut alors repousser à plus tard. Mais très souvent, ça colle. Snoopy est ravi d'aller se dégourdir les pattes, et Corinne peut faire une pause en joyeuse compagnie.

Les dames de l'accueil aussi demandent à faire quelques pas avec lui, et les secrétaires médicales, notamment Nathalie qui est rattachée à notre équipe, le prennent dans leur bureau pour déjeuner. Pour Zeinab et Patricia, de l'HDJ de chimio, il est cette présence douce et réconfortante que tous les patients réclament, mais cette fois aux pieds de deux femmes qui ont momentanément tiré le rideau. Une pause s'impose.

On dit parfois que Snoopy crée une bulle, et finalement c'est vrai. Ça peut être pendant un grand moment de stress, après une émotion intense ou tout simplement pendant un temps où on a besoin de déconnecter. Pour certaines personnes, le faire avec Snoopy permet de changer de monde, de se dire qu'on est avec un animal à qui on fait des caresses, avec lequel on interagit (ou pas). On le regarde, et on est content. On le voit réagir, et ça fait plaisir d'être près d'un être vivant aussi mignon. Voilà, c'est juste ça. Il est attachant, et quand tu prends le temps de faire attention à lui, quand tu le connais bien, tu sais un peu ce qu'il va faire, quelles vont être ses réponses, ça fait sourire, ça fait rire. Donc oui, Snoopy crée une vraie bulle, une vraie coupure dans la journée pour nos collègues. Même pour nous d'ailleurs, parce qu'on a parfois des moments difficiles. Dans ces cas-là, on va prendre l'air vite fait avec lui à l'entresol, ou alors on lui fait des câlins dans le bureau, on lui parle, on joue. Lui aussi a besoin de se détendre.

Lorsque M. Papon nous a aidés à imaginer puis à construire le concept de personne-ressource, on voulait rédiger une charte écrite, quelque chose qui établisse un engagement auprès de nous et auprès de Snoopy, qui formalise le sérieux de cette prise de responsabilité, même limitée dans le temps. On voulait que les personnes soient fiables. Pour nous, c'était assez large comme conception. Cela recouvrait une véritable envie de participer au projet mais surtout de prendre soin de Snoopy aussi bien que nous le faisons lorsqu'il est chez nous. Évidemment, on est flexibles, et Snoopy aussi d'ailleurs car il est assez intelligent pour comprendre qu'il n'est pas gardé par ses parents, mais on demande quand même une forme de rigueur. Et puis finalement on ne l'a pas fait. C'était trop lourd, ça faisait peur. On a décidé de s'en remettre à notre instinct et de privilégier la confiance.

S'il s'agissait de notre enfant, à qui le confierait-on ? C'était ça, la question. Même si un animal ne demande pas exactement le même genre d'attention, globalement c'était l'idée. Qui suivra nos principes d'éducation ? Non, trois fois non, on ne donne pas de tape sur les fesses. Qui est prêt à dégainer le sac à crotte, à sortir le soir sous la pluie, à donner les bonnes croquettes ?

Ce qui est drôle, c'est de voir comment Snoopy profite de ses petites échappées. Lorsqu'il est en week-end chez Corinne, par exemple, il fait sa petite tête de malheureux et hop, il récolte un peu plus de poulet rôti. Elle ne peut pas lui résister. Il est vraiment trop fort. Une performance d'autant plus remarquable qu'elle est végétarienne et que le poulet n'est cuisiné que pour les beaux yeux de ce petit coquin.

Avec le temps, les demandes de garde se multiplient, et le reste de l'équipe est tenté de donner sa chance à pas mal de candidats. Nous sommes surchargés de boulot et il faut avouer que ça nous arrange un peu.

Pourtant je suis d'un avis différent. C'est vrai que c'est plus contraignant mais Snoopy aime rentrer chez lui. On ne peut pas le priver de ça, Marguerite est d'accord avec moi. De plus, cette petite routine familiale lui permet de rester concentré lors des interactions, et il faut poursuivre en permanence son éducation. Nous ne pouvons pas former tout le monde. Aujourd'hui nous ne donnons son baluchon qu'à de très rares personnes. Six, pas plus. Parmi elles, il y a Michel et Virginie.

Nous avons rencontré Michel lors d'un week-end d'équipe au ski chez la sœur d'Isabelle. Il était venu partager un dîner avec nous et, ayant eu des setters, s'est particulièrement bien entendu avec Snoopy. Au détour d'une conversation, Isabelle comprend à demi-mot qu'il est familier de Curie. Avec l'expérience, il y a des signes que l'on apprend à décoder. « Vous connaissez Curie », lui demande-t-elle ? C'est là qu'elle apprend qu'il y a perdu un membre de sa famille. Une personne à qui il tenait beaucoup. Une conversation émouvante s'ensuit mais c'est vite l'ambiance joyeuse du dîner qui prend le pas. En fin de soirée Michel, qui n'a pas quitté Snoopy, offre ses services pour des gardes ponctuelles. « Si vous avez besoin de quelqu'un pour le garder de temps en temps, je suis là. J'en serais ravi. » L'info est bien passée. Nous avons tous vu à quel point il est connecté à Snoopy.

Quelque temps plus tard, nous l'invitons à venir voir l'équipe, et Snoopy, dans le bureau. Ce n'est pas qu'un chien, cet animal si spécial à ses yeux, c'est le chien de Curie, qui n'est pas un hôpital comme les autres. Pas facile pour lui de revenir dans cet endroit si chargé de douleur. Mais cette démarche est finalement réparatrice.

Les retrouvailles avec Snoopy sont tendres et chaleureuses. Nous avons tous confiance. Le vote est unanime. Cet été il partira respirer l'air de la montagne avec Michel, loin des JO et des rues bloquées.

Dans le bâtiment qui jouxte l'hôpital, il y a le centre de recherche, et dans ce centre, il y a Virginie Bel. Virginie ne travaille pas en laboratoire. C'est la raison pour laquelle son bureau est situé dans une petite cour. Sa mission est de mettre en œuvre les programmes scientifiques de l'Institut en Europe. C'est une femme attentive. Attentive à ce qu'elle fait, évidemment, mais également à Snoopy. Elle a elle-même un chien, et le monde canin ne lui est pas inconnu. Snoopy vient dans son bureau de temps en temps. Pour quelques heures ou une journée entière. Elle le fait travailler quand elle le peut, le sort, le fait jouer. Elle s'investit. Pourquoi ? Parce qu'elle croit au projet depuis le début et qu'elle a envie de le porter. C'est assez impressionnant de voir à quel point Snoopy peut fédérer. Ça n'arrive pas tout le temps, il ne faut pas exagérer, mais dans le cas de Virginie, c'est assez fort. Géographiquement le lien n'était pas évident, puisque nous ne travaillons pas dans le même bâtiment. Et pourtant il existe bel et bien. Virginie est une personne-ressource à plus d'un titre puisqu'elle nous donne aussi des idées pour mieux présenter notre collègue à quatre pattes. D'autres idées, d'autres contacts.

C'est par Isabelle que nous avons fait sa connaissance. Réunies autour de KDOG, elles s'entendaient bien et ont gardé de bonnes relations. Virginie aimant les chiens, la connexion s'est faite très naturellement.

Au début de notre aventure avec Snoopy, nous échangions beaucoup sur ses progrès, son comportement, le temps qu'elle passe avec lui. Et puis au fur et à mesure, nous avons appris à nous connaître. Les sujets ont évolué, sont devenus plus personnels. Quels sont nos passe-temps, nos petits plaisirs, les choses qui nous amusent, nous ennuient. Encore une fois, un lien s'est créé.

Évidemment il n'y a pas que Corinne, Michel, M. Papon ou Virginie. Il y a d'ailleurs une autre Virginie, qui était la marraine de Snoopy mais qui a dû rendre son tablier à cause de son chat. Sacré chat ! Ce que je veux dire, c'est que pour toutes ces personnes, Snoopy est important. Pour certains, participer à ce projet, c'est se dire qu'il y a un côté utile, qu'on vient en soutien à une équipe qui se donne. Pour d'autres, ça va être partager un moment avec l'animal. Parfois, c'est les deux. Il peut aussi y avoir l'idée d'une histoire commune avec lui. Chacun d'eux travaille à Curie d'accord, mais pourquoi, comment ? Il y a l'intérêt pour Snoopy, pour l'équipe, le projet, l'institution. Je pense que ce sont plein de choses différentes. Chacun pioche ce qui lui correspond le mieux. Quelle que soit la motivation qui les pousse à le garder, l'effet reste le même : Snoopy leur fait du bien.

# En tête à truffe

## MARGUERITE

On suit depuis plusieurs semaines un patient hospitalisé au 2e étage, en médecine. Il a différentes plaies, liées au cancer et à l'alitement, donc on monte souvent. Finalement, il connaît toute l'équipe, sauf Isabelle. Quand elle a trop de travail, elle réserve son expertise pour les cas compliqués. Là, c'est simple, même si la situation est difficile.

Monsieur S. est de ces patients qui dégagent quelque chose, même en pyjama, malade et affaibli. Il ne peut pas parler car il est trachéotomisé[17], mais son regard est si expressif qu'on arrive presque à dialoguer avec les yeux. Quand ça ne suffit pas, il écrit sur une tablette qui prononce chaque mot d'un ton plat et monocorde. Le son contraste avec son sourire et ce qu'il dégage. C'est étrange. Ça ne colle pas bien, mais c'est pratique, alors, on fait avec.

Je ne sais pas bien lequel d'entre nous lui a parlé en premier de Snoopy. Quoi qu'il en soit, on a pris l'habitude

17. Une trachéotomie consiste à créer une petite ouverture au niveau du larynx et à y glisser une petite canule ce qui permet d'améliorer la ventilation (entrée et sortie d'air dans les poumons), avec ou sans machine.

de monter le voir avec lui quand on a un petit moment *off*. L'arrêt des traitements lui a été annoncé. Il n'en parle pas mais l'équipe des soins palliatifs nous a dit qu'il était très au clair sur sa situation et son type de prise en charge. Pour couronner le tout, il est en isolement car porteur d'une bactérie résistante aux antibiotiques. Quand on entend « les antibiotiques, c'est pas automatique », eh bien c'est justement pour éviter ça : l'antibiorésistance. Du coup, on reste sur le seuil de la porte, à distance, avec Snoopy. Pour autant, on continue à monter le voir. Il semble heureux de ces petites visites, et sa femme aussi. On ne parle pas beaucoup mais on est là, et il nous renvoie toujours du positif.

C'est bientôt Noël, et Monsieur S. va sortir. Nous décidons d'aller le voir en équipe. On embarque Isabelle, car l'équipe, c'est tous ensemble, sinon, ce n'est pas l'équipe. Il a préparé ses valises. Sa femme est avec lui. Ils attendent les derniers soins et les papiers de sortie. Leur accueil est chaleureux, comme si nous allions nous quitter après une colonie de vacances. Snoopy nous fait tous rire à bomber le torse, fier d'être là, avec tous ses coparents en blouse blanche. On échange des banalités, et sa femme nous prend en photo, tous en train de rire, compactés au seuil de la porte. Sans surprise, c'est une de nos plus belles photos d'équipe.

# En tête à tête

## ISABELLE

J'ai accompagné l'équipe voir Monsieur S. Je comprends qu'elle se soit attachée à lui. Il est chaleureux, souriant, tout autant que son épouse. C'est le genre de personnes chez qui tu es sûr de passer une soirée sympa si tu es invité à dîner.

Après un bon moment tous ensemble et une photo collector, sa femme part s'occuper des papiers de sortie, et l'équipe se disperse, Snoopy avec. Je me retrouve seule avec Monsieur S. Il me parle de Snoopy, du moins c'est ce que j'entends. Mes quelques années en ORL m'ont appris à comprendre à peu près les personnes trachéotomisées. C'est bizarre, dit comme ça, mais extrêmement banal pour une infirmière.

Snoopy est un sujet intéressant, certes. Mais Monsieur S. part de Curie après plusieurs semaines et beaucoup d'annonces douloureuses. Je le trouve presque trop enjoué.

« On ne se connaît pas, même si Snoopy fait le lien entre nous. Dites-moi comment vous allez "en vrai" » ?

Je le vois écrire sur sa tablette frénétiquement. Elle me répond d'un ton métallique, froid et inadapté : « Je me sens comme quelqu'un qui s'apprête à vivre son dernier Noël. »

Réponse choc et brutale, mais qui a permis au patient de lâcher, de pleurer. Je pense qu'à ce moment-là il en avait éperdument besoin.

Chapitre 4

# La blouse oui, le blues non

# Auxiliaire de soins

## HÉDI

Au tout début, on disait de Snoopy qu'il était un chien de médiation. Ce n'était pas vraiment faux mais pas totalement exact non plus. Donc on a changé. Désormais on dit qu'il est auxiliaire de soins. Alors quelle est la différence ?

La médiation répond à des objectifs sur des temps donnés. C'est toujours le même référent qui intervient selon des jours et des horaires définis. Elle a également des buts plus ou moins thérapeutiques dans le sens où on en attend un effet quantifiable. Par exemple un patient qui ne parle pas va entrer en communication avec le chien, voire avec un être humain, ou dans un autre cas la douleur va diminuer précisément sur le temps de médiation animale, etc.

Ce n'est pas ce que nous faisons. Snoopy est rattaché à une équipe, pas à une seule personne. Il est présent en permanence dans l'Institut, et ses temps d'échange sont totalement informels même s'ils sont parfois anticipés. Je dis « parfois » parce qu'ils peuvent être planifiés à l'avance mais aussi répondre à un besoin ponctuel. Si une situation critique imprévue requiert son aide et qu'il est disponible, nous allons bien évidemment nous rendre sur place avec lui. Le scanner est en panne et la salle d'attente est en surchauffe ? on arrive. Une patiente s'angoisse avant l'arrivée d'un résultat ? Snoopy intervient. C'est aussi cela, la différence entre la médiation, qui est soumise à des horaires stricts, et notre projet qui inclut Snoopy comme un véritable collègue. Un auxiliaire de soins, donc. Et par-dessus tout, ses interactions n'ont pas de but thérapeutique, et ça, c'est primordial.

Nous voyons bien que les gens sont contents, qu'ils se détendent, qu'ils apprécient ce moment en marge de ce qu'ils vivent à l'hôpital. Il est cette bulle d'air indispensable, qui peut rappeler un passé heureux et léger pour certains, ou qui les renvoie simplement à leur chez-eux, là où ils ont leur vie et leur propre animal.

Bien entendu on ne peut pas dire que Snoopy est soignant. Cependant il est rattaché à une équipe de soignants et participe aux soins à sa manière. C'est ce que nous faisons aussi parfois. Par exemple, si je viens voir une patiente avant sa consultation avec le médecin pour prendre de ses nouvelles, papoter un peu, ou que sais-je, je ne fais aucun soin physique. Ce n'est pas la podologue qui est assise près d'elle, c'est Hédi, et je suis là pour qu'elle pense à autre chose, c'est tout. Pourtant, quelque part, je joue mon rôle de soignante car ma patiente est un peu plus détendue lorsqu'elle entre en consultation.

Cette distinction qui nous paraît importante est née d'une constatation. Au moment de l'arrivée de Snoop' nous prévoyons de mener une étude sur le bien-être au travail. Nous commençons à interroger nos collègues en suivant des critères spécifiques. Nous proposons deux types de questionnaires : un questionnaire dit « qualitatif » à remplir quasiment tout de suite après son arrivée, ce qui veut dire sans qu'il y ait eu de contact, ou vraiment très peu ; cette formule permet à la personne interrogée de s'exprimer librement sur des questions élaborées par des experts. Puis elle devra passer à celui dit « quantitatif » auquel on ne peut répondre que par oui ou par non et qui donne une échelle de valeur. Celui-ci sera consacré au stress et aux émotions. Ce deuxième questionnaire devra être rempli juste avant et juste après avoir vu Snoopy.

Notre plan comporte trois étapes réparties sur plusieurs mois. On ne peut pas mesurer l'évolution du bien-être sans prendre un certain recul. Les changements (s'ils se produisent) n'arrivent pas du jour au lendemain.

Sauf que la présence continue de Snoopy et ses interventions répétées font qu'il est très vite perçu comme un membre à part entière du personnel. Les rencontres ont parfois lieu par hasard dans un couloir, difficile dans ce cas de remplir le questionnaire « avant ». Quand l'interaction est programmée, on récupère facilement le premier volet mais il arrive que les collègues oublient de remplir le questionnaire « après ». Bref, le système imaginé ne correspond plus à la réalité. Nous élaborons une nouvelle méthode et tentons de réexpliquer le but via un poster pédagogique mais il faut se rendre à l'évidence : l'étude doit être repensée. Snoopy est bel et bien un auxiliaire de soins.

# Le petit garçon

## ISABELLE

Je ne sais pas pourquoi ce petit garçon m'a marqué plus qu'un autre. J'en vois malheureusement beaucoup. Cependant quand je repense à certains épisodes d'interactions avec Snoopy, il revient très naturellement à ma mémoire. Je vais l'appeler Tom pour simplifier, mais pour être honnête je ne me souviens même pas de son prénom.

Alors voilà. Un matin où je suis en train de travailler dans le bureau, j'entends un tout petit toc-toc-toc derrière la porte. Je dis « entrez » assez machinalement, et rien ne se passe. Je me lève, je vais ouvrir et me trouve alors face à un petit garçon d'environ 6 ou 7 ans maximum, un peu chétif, qui me regarde d'un air moyennement assuré. « C'est ici Snoopy ? me dit-il. — Oui. » Il a l'air satisfait de ma réponse et enchaîne directement : « Est-ce que je peux le voir ? Ma maman est en chimiothérapie. » Je le fais entrer et le conduis vers le panier où Snoopy est en train de se reposer. Je ne sais pas si Tom a une passion pour les chiens, en revanche le contact passe très bien. Il se vautre dans le panier et câline longuement Snoopy.

Je sens qu'il est déjà un peu soulagé mais j'ai dans l'idée qu'un petit tour dans le jardin intérieur ferait du bien à tout le monde. Nous sortons tous les trois prendre l'air. Tom sera certainement ravi de lui lancer la balle et, inversement, Snoopy se fera un plaisir d'aller la chercher.

À Curie il y a les soignants, les patients bien entendu, mais aussi les familles ou les aidants. Généralement quand une maman doit venir à une séance de chimio, elle s'arrange pour trouver un système de garde. Mais il arrive, comme c'est le cas aujourd'hui, qu'il y ait des ratés. C'est ainsi que les enfants deviennent témoins de situations difficiles à gérer émotionnellement. L'Institut Curie est d'ailleurs en train de plancher sur la question.

Lorsque nous retournons dans le bureau, je vois que Tom est souriant. Il câline une dernière fois Snoopy, me remercie très gentiment et retourne vers la salle d'attente. Je ne l'ai jamais revu et je ne sais même pas qui est sa maman. Tout ce que je sais, c'est que cette visite a transformé sa matinée.

Le jour où Tom est venu, quelqu'un lui a certainement dit « va voir dans tel bureau, et demande Snoopy ». Flexibilité, disponibilité. Je sais, on en a déjà parlé, mais c'est déterminant. La tête de ce petit garçon en arrivant et en partant du bureau, vraiment, ce n'était pas la même. C'est la raison pour laquelle nous voulons que Snoopy soit là à plein temps. Quand un besoin se fait sentir, on l'appelle ou on frappe à notre porte. Snoopy est vraiment là pour tout le monde, à tout moment.

# Coworking

## ÉLODIE

La fiche de poste de Snoop' a changé mais, concernant les patients, rien n'a bougé. Il va à leur rencontre de manière programmée ou pas, il leur fait du bien pendant un temps plus ou moins long, avec ou sans contact. De ce point de vue là, aucun changement, même si la pratique s'avère plus acrobatique que prévu.

Au départ nous avions pensé qu'il pourrait assister à des consultations pendant toute la vacation d'un médecin. En chirurgie, par exemple. Cela demanderait des temps de pause mais ce n'est pas insurmontable. Il suffit de prévoir. Il se rend bien en consultation avec Marguerite, donc pourquoi pas. Sauf que les consultations de Marguerite sont plus calmes, et même si Snoopy est là pour apaiser les patients il a aussi droit à un environnement adapté. Sans compter qu'il faut limiter les temps d'interaction pour qu'il puisse se reposer. Si on lui ajoutait toutes les allées et venues des patients, c'est lui qui finirait par avoir besoin d'un chien pour se détendre !

On avait aussi imaginé qu'il puisse emmener les enfants en échographie car certaines vacations d'écho leur sont dédiées, et l'atmosphère est spécialement conçue. C'était l'occasion idéale. Sauf qu'en vérité c'est beaucoup moins simple que ça n'en a l'air. Il faut anticiper, s'organiser.

Snoopy doit évidemment être gardé par l'un de nous. Il ne peut pas déambuler seul dans les couloirs de l'hôpital. Si c'est moi qui m'en charge, je ne peux pas m'occuper de mes patients pendant toute la matinée. Idem pour chaque membre de l'équipe, et malheureusement la charge de travail ne correspond pas à l'effectif disponible.

Nous avions pas mal d'idées dans ce goût-là que nous sommes contraints de laisser de côté. Mais ce n'est que provisoire. Nous souhaitons vraiment trouver des aménagements. Par exemple quand Hédi va en pédiatrie, elle réussit parfaitement à conjuguer le bien-être des patients, des soignants et de Snoopy. L'équipe est très accueillante et aidante. Ça compte.

On s'aperçoit que, à travers l'hôpital, des services font « relais » et vont spontanément anticiper, préparer, et proposer le passage de Snoopy. On sent qu'ils ont envie que ça fonctionne, et c'est vraiment agréable. Progressivement Snoopy a été totalement intégré dans la vie de l'hôpital. J'irais même jusqu'à dire qu'il fait du coworking avec les différents services. C'est du donnant-donnant comme dans tout travail d'équipe. Tu as beaucoup de patients ? La tension monte ? OK, on s'entraide. J'entends parfois (souvent !) : « Snoopy, c'est notre petit rayon de soleil », même de la part de certains qui étaient réticents au départ. Snoopy leur fait du bien et ils ont envie de lui faire du bien… pour que Snoopy puisse faire du bien aux patients.

C'est ça, que je trouve dingue. Parce que notre idée a largement dépassé notre bureau. Tout le monde participe à son bien-être. On entend très souvent ici et là : « Tu as bien travaillé aujourd'hui, tu as droit à une friandise. » C'est parfait. Le soignant est content de récompenser

Snoopy, qui est également content de se régaler. Sans compter que c'est un petit coquin et qu'il ne manque jamais de faire un petit tour du côté des secrétaires. Il sait très bien faire son charmeur pour obtenir une « frifri ». D'une façon générale, il a très bien repéré qui cède le plus rapidement, qui l'attend, qui a des réserves et surtout, où elles sont cachées. Mais ce n'est pas grave (si on reste mesuré, bien sûr) parce que ça fait plaisir à tout le monde, et c'est ça qui est important.

Je pense que cette envie de participer crée de l'unité. Snoopy tisse des toiles. Entre nous cinq, mais aussi nous et les patients, nous et les autres soignants, les soignants et leurs patients, les soignants entre eux, les patients entre eux… Par exemple, les secrétaires qui travaillent au service de chimio, je les côtoie rarement. J'y vais de temps en temps, mais ce n'est pas là que je travaille le plus. On est polies, on se sourit, mais c'est à peu près tout. Pourtant mardi dernier, j'avais besoin de la photo de l'une d'entre elles pour une vidéo qu'on était en train de réaliser. Je descends dans le service en espérant la voir mais sa collègue est seule. Je lui explique le projet vidéo autour de Snoopy et le besoin de photo qui va avec. Réponse immédiate de sa collègue : « Pas de problème, elle est déjà partie mais si vous voulez je peux lui téléphoner. » Dit comme ça, on pourrait penser que c'est normal, ou que ce n'est pas un si gros effort. Oui on pourrait. Néanmoins elle n'est pas obligée de le faire. C'est la fin de la journée, elle ne me connaît pas vraiment, elle a encore plein de patients en salle d'attente, rien ne l'oblige à me rendre ce service. Sauf que c'est pour Snoopy, et quand c'est pour Snoopy, c'est toujours oui.

# Ceci n'est pas un chien

## ÉLODIE

Hier, le Dr Laurence, une amie d'Isabelle avec qui nous travaillons régulièrement, arrive dans le bureau. Au tout début elle venait et ronchonnait : « Ah ! c'est bien, y a Snoopy, il est là mais qu'il ne m'approche pas. » Clairement, elle n'avait pas un engouement aussi important que plein d'autres gens. Et puis il faut avouer qu'on parlait beaucoup du projet, et je pense qu'elle n'était pas vraiment portée là-dessus. Elle travaille dans un autre service, et on est amenés à la croiser régulièrement. Donc oui, c'était cool, mais avec elle ça ne prenait pas autant d'importance qu'avec d'autres. C'était presque un non-événement. Avec ceux qui adorent les animaux, c'est waouh ! trop bien, il y a un chien à l'hôpital, tout ça, tout ça. Pas avec elle. En gros elle n'aime pas trop les chiens.

Hier, fin de journée, il est environ 18 heures, et tout le monde a eu une sacrée semaine. Elle arrive, probablement pour voir un peu Isa, mais pas de chance celle-ci est rentrée plus tôt pour voir son fils. Le Dr Laurence aurait pu dire au revoir et refermer la porte derrière elle, on ne l'aurait pas mal pris, il y a plein de gens qui font ça.

Pourtant elle reste et regarde un peu de l'autre côté de la grande table. Moi, j'étais au fond à côté de Marguerite. On relisait sa présentation. Ah ! non, pardon, pas du tout, on vérifiait son compte rendu pour pouvoir bien le formuler. C'est vrai que ça prend du temps mais on s'assure régulièrement entre nous que ce qu'on dit est juste et que la manière de le dire est correcte. Donc là, on est concentrées parce qu'on a une grosse journée dans les pattes et qu'on est toutes les deux un peu fatiguées.

Snoop' est là, il attend sagement dans son panier. C'est rare, même très rare, qu'il soit encore là à 18 heures, mais bon, il a l'air de s'en moquer, il est posé, il est déjà sorti plein de fois, il sent que c'est bientôt son heure, donc tout va bien. Bref, elle entre, elle voit qu'Isa est sortie, elle nous parle et puis elle croise le regard du chien. Elle s'assoit sur une chaise à côté de lui et s'adresse à lui : « Oh bah ! qu'est-ce qu'il y a, tu veux un petit câlin ? Toi aussi t'as eu une longue semaine ? » Peut-être que ce n'est pas mot pour mot, mais en gros c'est l'esprit. Et puis elle commence à le caresser. Mais pas hop, hop, hop, et terminé. Non, elle le caresse longtemps !

Et là, je chuchote en rigolant : « Margue attrape ton téléphone, prends une photo, le Dr Laurence fait un câlin à Snoopy ! » Et pendant ce temps elle demande à Snoopy : « Non, tu ne veux pas de câlins ? » Ni une, ni deux, je me fais un plaisir de lui expliquer : « Si, vu la position qu'il est en train de prendre, il veut que tu lui grattes le ventre. » Et c'est parti, elle lui gratte le ventre comme il adore. Personnellement, je trouve que ces scènes de grattouilles sont vraiment ahurissantes. Il est là comme un prince, les pattes en l'air, parfois il faut presque lui porter la patte pour qu'il soit encore mieux, et tu grattes, grattes, grattes. Dans ces moments, c'est vraiment l'être humain au service du chien. Il est trop fort. Elle continue sur son ventre, on prend la photo. Elle ne veut même pas nous regarder, elle est complètement ailleurs. On la taquine : « Bah alors, t'assumes pas ? Je croyais que tu n'aimais pas les chiens ? » Et elle me répond très relax : « Je n'aime pas les chiens, mais lui ce n'est pas pareil, c'est Snoop'. » Je l'ai même noté sur un post-it pour pouvoir le raconter texto !

Cette phrase, on l'a contrevérifiée plein de fois chez des collègues pas trop fans, ou qui ont carrément peur des chiens. Pour d'autres, ce sont des animaux qui sont tout le temps sur le sol, qui ne sont pas propres. Il existe plein de raisons pour lesquelles certaines personnes ne se sentent pas proches d'eux. Il y a une collègue, pareille, qui n'aime pas, qui a un peu peur, mais qui a croisé Snoopy plusieurs fois. Au bout d'un certain temps, elle a voulu prendre une photo avec lui. Donc évidemment, j'ai demandé : « Ça va, tu n'as pas peur ? » et elle m'a répondu : « Non ça va, c'est Snoop', je l'aime bien, lui. »

Donc voilà, Snoop', c'est un collègue. Ce n'est pas vraiment un chien. Il n'est pas là pour faire caca et pipi sur des poteaux. Il est là pour être avec nous. Et cette cohésion qu'il crée, c'est ce qui fait toute la différence avec un chien ordinaire. D'ailleurs, c'est ce qui est fort dans ce projet et dans sa présence. Il est vraiment intégré à cent pour cent dans la vie de l'hôpital, et honnêtement, c'est super. De ce fait, il n'est plus vu comme étant uniquement un chien. C'est aussi un collègue trop mignon, à qui on fait des grattouilles sur le ventre.

# Un souffle nouveau

## ISABELLE

Notre activité nous fait intervenir quotidiennement d'un étage à l'autre. Ce jour-là, je reviens vers le bureau en passant par les escaliers et je tombe nez à nez avec un patient qui monte et descend les marches avec difficulté.

Je vois immédiatement que cet homme vient d'avoir une chirurgie ORL. Les opérations de ce type laissent des traces impossibles à ignorer, et parmi elles, très souvent, une trachéotomie. C'est le cas de ce monsieur, que j'appellerai Monsieur T. S'il fait tous ces allers-retours, c'est pour se rééduquer. Il doit se remuscler après une intervention lourde qui l'a affaibli, et ça ne se fait pas du jour au lendemain. Comme je vais le croiser, je m'approche de lui pour l'encourager. Je sais bien que sa situation est difficile. Il porte des sondes pour s'alimenter et son visage est abîmé. Son combat est rude mais puisqu'il est là, travaillant seul dans cet escalier, je sais que je m'apprête à parler à un homme volontaire.

« Bravo, c'est bien ! Descendre, monter, descendre et encore monter, ce n'est pas facile. Bravo ! » Rien d'exceptionnel, juste le genre de message d'encouragement sympathique qu'on égrène pendant nos journées. Je n'applaudis pas mais je suis sincère. Sincère et surtout attentive. D'ailleurs je remarque dans son regard qu'il est à la peine. Il se bat mais c'est dur. Physiquement et moralement.

Je reste un peu près de lui et cette fois je vais plus loin que l'encouragement. « Peut-être que ce serait plus facile si vous vous donniez un but. Est-ce que vous aimez les chiens ? » Son regard s'éclaire alors d'une façon que j'étais loin d'envisager. Sa trachéo l'empêche de parler mais je pense que s'il avait pu répondre verbalement, ses yeux auraient tout de même accompagné sa voix. « Venez avec moi, vous allez voir… » Me voilà donc avec ce patient que je ne connais ni d'Ève ni d'Adam. Tout ce que je sais de lui, c'est qu'il vient probablement du 3e étage et qu'il a été opéré d'un cancer ORL. À part ça, rien, et c'est très bien comme ça.

En passant la porte du bureau je sens que son émotion est énorme. Voir Snoopy, le caresser, sentir la douceur de son poil et de sa présence. Tout dans ce moment lui fait un bien fou et très vite, les larmes lui montent aux yeux. Son sourire dit tout ce qu'il ne peut pas prononcer. Cet instant est vraiment magique. Puis il se relève et se tourne vers moi en me faisant comprendre qu'il souhaite écrire.

Je lui tends une feuille et un stylo, et il me raconte brièvement le pourquoi de son émotion. Monsieur T. a toujours vécu avec des chiens. Et encore maintenant, d'ailleurs. Il a grandi et s'est construit avec les chiens. C'est très important pour lui de les avoir car ils sont véritablement ses compagnons de vie. Je comprends encore mieux pourquoi voir Snoopy au moment où sa personne est atteinte est exactement ce qu'il lui fallait.

Lorsque je le raccompagne, à l'ascenseur cette fois, je suis encore sous le coup de cette émotion si belle et si forte. Bien entendu, Snoopy est remonté voir Monsieur T. pendant le reste de son hospitalisation pour son plus grand bonheur.

Depuis, nous ne l'avons pas revu. Je ne sais pas si on peut dire « pas de nouvelles, bonnes nouvelles ». Quoi qu'il en soit, on peut dire « pas de nouvelle, pas d'hospitalisation ». Et c'est déjà très bien.

# C'est officiel

## ISABELLE

Au départ, comme nous tous, la direction de l'Institut Curie se demandait si notre projet allait fonctionner. Est-ce que Snoopy s'adapterait, est-ce que les fiches et les recommandations pourraient être appliquées, est-ce que les malades apprécieraient sa présence ? Bref, comment tout ça allait évoluer.

Lors du premier mois de Snoopy à l'hôpital, nous l'avions présenté à toute l'équipe de direction et notamment Steven Le Gouill et Anne-Claire de Reboul, respectivement directeur et directrice adjointe de l'hôpital. M. Le Gouill avait été à nouveau très clair : « C'est du sérieux, du professionnel. Le chien doit être identifié. » Il nous avait questionnés alors sur le mode de fonctionnement, notre attitude vis-à-vis de ceux qui n'aiment pas ou ont peur des chiens… Nous avions fait avec lui le tour des points que nous avions l'habitude d'évoquer et étions retournés à nos occupations avec le sentiment d'avoir posé une pierre importante à notre construction.

Au bout de quatre mois, voyant que la barque avance plutôt dans le bon sens et que Snoopy progresse bien, Steven Le Gouill et Anne-Claire de Reboul décident d'organiser une conférence de presse. Ce temps d'observation était évidemment nécessaire. Nous avions déjà commencé à accueillir quelques journalistes, mais d'abord c'était rare et surtout, jusqu'ici, il n'y avait rien d'officiel. Cette conférence aurait été impensable sans savoir si Snoopy allait rester ou pas.

Ainsi, lorsque le communiqué de presse est diffusé et que les nombreux médias viennent vers nous, Snoopy a déjà de bonnes bases d'éducation. Quand je pense aux cascades qu'il nous a fait faire sur les différents plateaux télé, j'imagine à peine ce que ça aurait pu être si on avait communiqué aussi largement trois mois plus tôt.

Ce geste est fort à plus d'un titre. D'abord il valide notre action, ce qui n'est pas rien, mais surtout il engage publiquement l'Institut Curie. L'hôpital mène de nombreuses actions mais elles ne sont pas toutes mises en avant avec ce genre de dispositif. Le fait que la direction réponde aux interviews et s'implique personnellement envoie un signal très particulier.

L'Institut est bien plus qu'un hôpital. C'est un centre de recherche et d'enseignement, un musée, un lieu chargé d'histoire au cœur de Paris. Travailler à l'Institut Curie, c'est porter un peu de l'héritage de la grande Marie Curie. Alors quand la direction contacte la presse nationale pour associer le nom de l'Institut à celui de Snoopy, c'est à la fois un honneur, une responsabilité et une fierté pour toute l'équipe.

# Avant/après

## MARGUERITE

Dans le cadre de ma consultation d'IPA[18], j'assure le suivi de personnes âgées sous anticancéreux oraux, essentiellement des femmes qui ont des cancers du sein métastatiques. C'est le cas de Madame E., que je vois régulièrement depuis déjà un certain temps. Dès le début du traitement, l'oncologue m'a confié son suivi, en alternance avec elle. Je la vois donc toutes les six semaines.

Lorsqu'elle commence sa prise en charge à Curie, elle habite seule, loin de son fils qui lui, vit en province. C'est une patiente anxieuse, et nous n'avons pas encore Snoopy. Et puis finalement il y a Pornic, le refuge, l'ENVA et l'arrivée du chien dans nos vies.

Madame E. vient aujourd'hui pour sa consultation. Je ne sais plus à quelle occasion nous avons discuté de l'affection qu'elle porte aux chiens, quoi qu'il en soit je sais qu'elle les aime. Lorsqu'elle entre dans ma salle de consultation et qu'elle le voit allongé près du bureau, son visage change du tout au tout.

Il faut s'imaginer que toutes les trois semaines cette femme vient à Curie. Elle fait des analyses de sang, passe des scanners, attend, va voir le docteur, parle de son

18. Infirmière de pratique avancée.

cancer, d'elle, de ses douleurs, des conséquences de son traitement. Pendant ces quelques heures, elle est plongée au cœur de sa maladie sans possibilité de regarder ailleurs. Une visite sur deux, c'est à moi que revient le droit de m'occuper d'elle. Même si elle me fait confiance, le fond du problème demeure, et venir à l'hôpital reste un moment compliqué pour elle. Alors quand elle ouvre la porte et qu'elle découvre la petite bouille de Snoopy, c'est comme si on venait de faire une surprise à un enfant. Il y a là quelque chose qu'elle adore. Un être vivant qui lui apporte de la joie, depuis toujours et sans faillir. À compter de ce jour, les choses changent véritablement.

Je sens ma patiente moins anxieuse. Il y a une combinaison de facteurs, évidemment (son fils s'est rapproché de son domicile, son traitement fonctionne…), mais je fais également en sorte de passer devant elle avec Snoopy lorsque ce n'est pas mon tour de consultation et qu'elle attend l'oncologue. Je n'ai pas le cœur de la laisser ruminer toute seule alors que la salle du médecin est juste à côté de notre bureau. Donc elle a sa petite dose de tendresse à chaque fois qu'elle vient. Du moins en théorie.

Cet été, avec les vacances, il y a pas mal de jours où Snoopy n'est pas là. Ce petit veinard est invité partout : à la mer, à la montagne, à la campagne. Partout. Malheureusement, dans le cas de Madame E., ce n'est pas une bonne nouvelle. Elle le cherche et ne le trouve pas. Elle est déçue, triste. Son moral plonge et son anxiété reprend le dessus. « J'en ai marre, je veux tout arrêter, je suis fatiguée. »

Et effectivement, je revois le visage de celle que j'ai connue il y a trois ans. Elle qui avait l'habitude de garder des animaux pendant l'été refuse de le faire cette année. Elle est épuisée, dit-elle. Elle ne sort plus de chez elle, mange n'importe quoi, n'importe quand, n'importe comment. Elle est à fleur de peau. Je comprends, néanmoins je suis obligée de lui rappeler que c'est mauvais pour elle. Elle a repris du poids et doit se surveiller. Pas facile.

Et puis dans un grand élan de ras-le-bol elle ajoute : « En plus aujourd'hui je me suis dit que je n'allais certainement pas vous voir, et même pas Snoopy. » Je tente de la calmer et lui demande de me donner une seconde. J'appelle Isabelle qui est dans le bureau avec Snoop'. Quelques minutes plus tard, la porte de ma salle de consultation s'ouvre, et notre nouveau collègue fait tinter le bout de ses pattes jusqu'à nous. Isabelle le suit de près. Madame E. est rassurée. Il faut avouer que Snoopy avait été indisponible une fois ou deux, et cette éventualité ne la quittait plus.

Isabelle sent que l'atmosphère se détend et en profite pour glisser un petit mot d'encouragement sur le ton de la plaisanterie. « Bon, maintenant qu'on est tous là, on va pouvoir continuer la consultation, hein Madame E. ? » Mais cette dernière n'écoute plus rien. Elle est totalement absorbée par Snoopy. Elle a tout simplement besoin de cinq minutes avec lui, de le regarder, de lui faire une petite caresse, d'être dans cette relation simple qu'elle affectionne tant avec les animaux. Isabelle prend Snoopy sur ses genoux afin qu'il soit à une hauteur confortable pour ma patiente, et nous attendons. Nous la laissons à son plaisir, et je dois avouer qu'elle n'est pas la seule à profiter de ce moment. Puis nous reprenons la consultation. Elle est quand même venue pour ça.

Je croise souvent Madame E. lorsque je rentre chez moi à pied avec Snoop'. Lorsqu'elle nous aperçoit, je ne manque jamais de changer de trottoir pour venir à sa rencontre et discuter un peu avec elle. Mais ces derniers temps, rien. Or il faut absolument qu'elle fasse de l'exercice, qu'elle se maintienne en forme physiquement et moralement. Encore une fois, l'excuse est toute trouvée : Snoopy. « Vous savez, Madame, vous devriez sortir plus souvent, peut-être qu'on pourrait se croiser. Ce serait comme un petit rendez-vous, une motivation supplémentaire pour votre balade, ce serait bien, non ? » Je ne sais plus vraiment ce qu'elle répond mais nous terminons là-dessus, et je la sens bien plus détendue qu'au départ, ce qui est déjà pas mal.

À chacun de mes trajets de retour, je la cherche des yeux. Malheureusement, je ne la croise jamais. Un jour, elle me téléphone entre deux rendez-vous. Je sens immédiatement dans sa voix que quelque chose ne va pas. Elle ne veut plus venir. Elle se prépare à un marathon médical qui l'épuise à l'avance. Dans trois jours, elle se fait opérer de la cataracte, et dans cinq, elle doit venir à Curie pour faire son imagerie de contrôle. Trop de stress. Elle veut qu'on la laisse tranquille. D'un côté, je la comprends. Une opération n'est jamais simple à vivre, et les imageries de contrôle sont redoutées par tous les malades. Mais de l'autre, je dois penser à ma patiente. Comment la soulager ? Que puis-je faire pour qu'elle ne coupe pas son parcours de soins ? La réponse tient en un mot : Snoopy. Je sais à quel point il compte pour elle et j'ai vu l'effet qu'il a sur son anxiété. Je lui propose la chose suivante :

« Si vous voulez je viens vous voir avec Snoopy en salle d'attente d'imagerie. Ça vous ferait plaisir ?

— D'accord.

— Parfait, je le bloque sur le planning. Snoopy sera là avec moi ou un autre membre de l'équipe, mais vous pouvez être rassurée, il patientera avec vous. »

Toute l'équipe d'imagerie est prévenue et les examens se passent sans encombre. Finalement ce n'est pas grand-chose. Juste un petit moment tendre avec le chien, quelques minutes ensemble, mais il semblerait que ce soit déterminant. En tout cas avec cette patiente.

Cela fait plusieurs années maintenant que nous nous connaissons, et je me rends compte que ce qui la fait tenir, ce qui lui donne la force de continuer, c'est le lien, et il est rendu plus facile par Snoopy. C'est difficile pour elle, alors on essaye de contrebalancer la lourdeur de son quotidien avec des petites pointes de positif : une maladie chronique, des traitements lourds qu'elle prend scrupuleusement, et à côté, des petits coucou de Snoopy et parfois même des consultations entières ensemble. Puisque ça fonctionne, on continue.

# Ça n'a pas de prix

## ISABELLE

Accueillir Snoopy parmi nous, c'est bien ; le garder, c'est mieux.

Ce que nous devions vérifier en premier lieu, c'était l'acclimatation de Snoopy. Est-ce que sa mission lui plairait ? Est-ce qu'il serait heureux avec ses nouveaux parents ? Est-ce qu'il serait heureux tout court ? Sur ces questions, nous étions plutôt confiants : pour lui, ça collait à l'hôpital et ça collait tout court. En revanche, il y avait un point qui commençait à coincer sérieusement : notre charge de travail, qui était déjà importante, devenait quasiment impossible à gérer. Je me vois redire à l'équipe : « Notre travail a besoin d'être fait. Si on prend un chien et qu'on ne peut pas s'en occuper, ça ne sert à rien. » Nous avions besoin d'une personne supplémentaire dans l'équipe. Il nous fallait quelqu'un pour les soins, pendant que nous assurions notre mission avec Snoopy. Parfait. Mais comment la payer ?

Lorsque j'évoluais dans le monde de la détection, j'ai souvent entendu « un chien, ça ne coûte rien ». C'est faux. Les gens se prennent les pieds dans le tapis sur cette question en permanence. À croire que le chien est un être autonome. Mais non, il est totalement dépendant ! Aujourd'hui j'entends cette même rengaine. Comment peut-on penser une chose pareille ? Je pourrais répondre qu'il n'y a rien de gratuit dans la vie. Ça suffirait mais ce ne serait pas assez précis. Un chien auxiliaire de soins demande une surveillance vétérinaire accrue, il faut évidemment le nourrir (comme tous les chiens), lui offrir de quoi dormir confortablement, et jouer ; il y a le matériel nécessaire à son entretien et tous les à-côtés. Un chien coûte également du temps, il ne travaille pas seul, ce qui veut dire qu'il monopolise un être humain près de lui. On en revient à cette personne qui nous manque dans l'équipe. Comme le dit la sagesse populaire : le temps, c'est de l'argent. Alors non, un chien ne coûte pas rien.

C'est donc vers l'une de mes fidèles partenaires, Corinne de Conti, que je me tourne. Corinne est en charge des événements sur le toit de la Grande Arche de la Défense et nous a accueillis pendant des années pour les présentations KDOG. Nous nous retrouvons pour déjeuner et je lui expose à la fois le projet et notre problème. J'ai besoin de son aide pour financer le mi-temps infirmier qui peut nous sortir la tête de l'eau.

Chaque année elle organise une vente aux enchères caritative. Or, le toit va fermer. Elle propose alors de nous dédier ce dernier événement. Je suis à la fois ravie et honorée. C'est une excellente idée, d'autant plus que, pour elle comme pour moi, ce moment sera particulier. Corinne va quitter la Grande Arche, et nous ne pourrons plus y convier nos partenaires pour exposer les avancées des différents projets liés à KDOG. Ce rendez-vous traditionnel et chaleureux que nous aimons tant va s'arrêter. Pour nous deux, l'émotion est intense.

Derrière l'espace de réception où nous avons l'habitude de nous réunir, il y a un petit escalier qui mène à la terrasse. Perchée à plus de 110 mètres de haut, elle offre une vue panoramique sur Paris et ses environs. À la nuit tombée, les lumières de la ville se mettent à bouger sous vos pieds. Un spectacle inoubliable. Mis à part le côté magique de l'endroit, il y a un aspect plus pratique à ne pas négliger. À l'issue de cette soirée, nous aurons notre propre caisse, ce qui nous permettra d'être (au moins un peu) libres.

Seule ombre au tableau, nous ne possédons qu'une collection de Playmobil en tenue d'infirmiers et un poster de Wonder Woman encadré. Pas sûr que les enchères s'envolent avec ce genre de lots. Est-ce qu'on n'est pas en train de s'embarquer dans une nouvelle folie ? Un léger doute s'empare du bureau mais il est très vite chassé par ce sentiment que nous connaissons bien. Cette impression d'être sur le bon chemin. Un chemin caillouteux certes, mais qui nous mène loin et surtout ensemble.

Hop ! remise en marche de la chaîne de solidarité, mobilisation familiale instantanée. Nous sommes début février et la vente est prévue pour le 4 avril. On a trouvé un chien en trois mois, les délais impossibles, ça ne nous fait pas peur !

Le père d'Élodie connaît Markobi, le champion du monde de magie. Sa spécialité, c'est les cartes, et effectivement il est super fort. Elle le contacte et ce dernier accepte d'offrir deux heures de cours privé en tête à tête. Comme il habite à Strasbourg, le gagnant devra se déplacer et probablement loger sur place. Après le papa, c'est la cousine qui s'investit. Elle travaille dans l'hôtellerie et connaît quelqu'un en ville. Élodie récupère le numéro et nous voici désormais à la tête d'une nuitée et d'un salon privé pour profiter des joies de l'illusion. Abracadrabra, Snoopy nous voilà ! Certains patients offrent des lots insoupçonnés, comme un maillot du Barça dédicacé. Hédi fait marcher son réseau de « Dermacliquettes[19] », elle envoie des tas de mails totalement au culot et reçoit des réponses aussi spontanées qu'adorables. Parmi elles, Stéphane Bern qui offre des places pour le concert du 14-Juillet ; Philippe Caverivière, un café avec lui ; idem pour Christine Lagarde, et j'en passe. Le studio Harcourt offrira également une séance photo pour Snoopy et toute l'équipe. Grâce à eux, nous avons désormais son portrait façon star de Hollywood dans le bureau, ainsi qu'une photo de famille aussi chic que mémorable.

Certains donnent donc des objets, et d'autres, du temps, ce qui est assez rare pour être souligné. Snoopy génère une solidarité à toute épreuve, non seulement au sein de notre groupe, mais également dans un cercle que nous découvrons de plus en plus large et de plus en plus réactif.

De nombreuses personnes se déplacent, et la vente est retransmise sur le site Web de Drouot, exactement comme pour les collections d'art majeur. Picasso ou Snoopy, même combat. La majorité de l'équipe assiste ce soir-là à ses premières enchères. Au moment où le premier lot est adjugé, Snoopy nous gratifie d'un aboiement qui semble

---

19. Nom de la cohorte de patientes pour l'étude d'Hédi sur les effets des traitements anticancéreux sur la peau.

approuver le coup de marteau et met une ambiance pas possible.

En fin de compte, l'événement ne rapporte pas autant que prévu, mais nous permet d'embaucher Laure, une infirmière diplômée en plaies et cicatrisation, qui viendra nous aider à mi-temps.

# Lancet

## MAXIME

Parmi les nombreux lots proposés à la vente, il y en a un qui nous a particulièrement impressionnés. Il s'agit d'un dessin fait par Marie Curie. Ce dessin représente son chien et est assorti d'un poème en allemand. Un poème un peu triste, semble-t-il. Il y a beaucoup à dire sur ce simple dessin. D'abord le chien. Il ressemble comme deux gouttes d'eau à Snoopy. Noir et blanc avec de jolies oreilles tombantes et un poil long. Ensuite son nom : Lancet. Publier un article dans *The Lancet* dans le monde de la recherche scientifique, c'est le Graal, c'est comme recevoir le Goncourt pour un écrivain, ou même le Nobel. En parlant de Nobel… Lorsque nous avons pu approcher ce dessin, nous avons également eu la chance d'admirer les deux prix Nobel de Pierre et Marie Curie qui sont conservés aux archives du musée. Alors comment tout cela est-il arrivé ?

À l'approche de la vente, toute l'équipe s'est mise en chasse pour réunir de quoi faire monter les enchères. De mon côté, je suis allé toquer à la porte du responsable du musée Curie pour savoir si une visite privée pouvait être organisée. Cet homme est passionnant (et passionné) quand il raconte la vie de Marie Curie, et à mon avis c'est une occasion en or de découvrir le laboratoire dans les meilleures conditions possibles. Le responsable connaît bien notre projet et nous avons de très bons rapports. Il fixe un rendez-vous à l'équipe pour une visite du musée mais aussi, chose rarissime, des archives.

Le jour dit arrive et nous nous présentons avec Snoopy, ce qui lui fait d'ailleurs assez plaisir. Nous le suivons dans les allées, et c'est là qu'il nous montre le dessin. C'est lui qui nous explique que le poème parle du chien Lancet. Aucun de nous n'arrive à déchiffrer l'écriture serrée de la grande Marie, et encore moins à traduire l'allemand. Il a pensé à sortir cette archive à cause de la ressemblance troublante avec Snoopy. Et, effectivement, nous sommes troublés.

Le dessin a été photographié et reproduit, puis a reçu la certification du musée. C'est cette reproduction qui a été adjugée lors de la vente. Une visite pour quatre personnes a également été vendue. J'imagine sans trop de difficulté l'émerveillement de ce petit groupe, captivé par les voix enthousiastes du responsable et de son équipe, présente au grand complet. La vie d'une femme, d'un homme, d'une famille, le travail acharné, les combats personnels, nationaux et universels, les découvertes scientifiques, la postérité, l'héritage médical… Notre héritage. Tant d'histoires dans la grande Histoire.

# Grégoire

## MARGUERITE

Un week-end, je me balade tranquillement au bois de Vincennes avec Snoopy. C'est l'un de ses nombreux spots favoris, avec de l'espace, toutes sortes de chiens et quelques oiseaux à courser si l'occasion se présente. À un carrefour, je croise une famille, avec vélos et enfants.

« Oh ! mais ce ne serait pas Snoopy ? de Curie ?

— Oui… vous l'avez déjà croisé ?

— Non, mais notre fils est en traitement. On en a entendu parler, on l'a vu en photo, mais jamais en vrai. »

Le petit bonhomme en question a environ 8 ou 10 ans et les yeux rivés sur Snoopy. Snoop', de son côté, a les yeux fixés sur le parc. C'est le week-end, la détente, la belle vie. Juste le temps de leur donner mon numéro direct de boulot, et nous voilà repartis. Avant de nous quitter, je leur fais promettre d'appeler si Grégoire en a envie.

Je ne me doutais pas combien cette famille se saisirait de cette proposition pour transformer le cycle des chimiothérapies en une série de rendez-vous avec Snoopy. Toutes les trois semaines, deux jours avant le traitement de Grégoire qui tombait inlassablement le mercredi, nous avions un appel de la maman, du papa ou de la grand-mère, pour s'assurer que Snoopy serait bien là.

Nous ne leur avons jamais dit que le mercredi était pour nous le pire jour de la semaine, car nous avons déjà nos consultations et beaucoup de patients post-opératoires ce jour-là. Chacun à notre tour, nous nous sommes arrangés pour nous libérer, car même si Grégoire était plutôt du genre silencieux, on a vite compris que ce rendez-vous avec Snoopy était important pour lui.

Un mercredi, l'accueil nous appelle. Jusque-là, rien d'anormal. Grégoire nous attend, mais cette fois avec des récompenses en forme de cœur ! Habitué à ce qu'une friandise ne se donne qu'après un petit effort, il égrène les « assis Snoopy », « couché », « la patte ». Le chien s'exécute, ravi. Grégoire a son petit succès au milieu du hall multicolore de la rue d'Ulm. Le dialogue est succint. Son sourire est discret mais sincère. Il ne quitte pas le chien du regard.

Je reste en retrait et observe. Ils sont à l'unisson, et autour, chacun s'est arrêté et regarde. Ces quelques minutes sont une bulle, décalée, entre un chien et un petit malade. Cette bulle, même le cancer n'arriverait pas à y rentrer.

C'est à l'occasion d'un de ses petits moments avec Snoopy que Grégoire nous confie son rêve : devenir pompier. Sans chien, nous ne l'aurions pas su, je pense. Sitôt revenu dans le bureau, on en discute. Laure, qui est désormais à mi-temps avec nous, propose d'appeler des amis, et quelques semaines plus tard, Grégoire aura le droit à la grande visite de la caserne du 13$^{e}$ avec tous les accessoires : camions, grande échelle, casque et barre de descente. Bien plus sympa que de la chimio.

Aujourd'hui, il a fini ses traitements. Et même s'il revient souvent dans les conversations, nous sommes ravis de ne plus le voir à Curie.

# Le jours des enfants

## HÉDI

Il y a un truc assez fou, avec Snoopy. Il s'adapte véritablement à la personne qu'il a en face de lui. Il sent immédiatement l'ambiance du lieu, l'humeur du malade ou du soignant. Il sait être calme ou plus entreprenant quand il faut. C'est assez incroyable. Ce qui l'est encore plus, c'est qu'en balade il se comporte toujours comme un ado. Ce n'est qu'à Curie qu'il enfile sa blouse et redevient un auxiliaire de soins. Il est hallucinant.

Les enfants l'adorent (même s'ils ne sont pas les seuls), et il faut bien dire qu'en pédiatrie il a son petit succès. Cependant, c'est un service particulier. Il y a de très jeunes enfants mais aussi des adolescents. Dans les deux cas, le sourire peut être enfoui très profond, sans parler des parents. Hier par exemple. Je prends un cas un peu extrême car nous étions mercredi, et forcément, le mercredi est un jour chargé en pédiatrie. Mais je pourrais aussi bien prendre n'importe quel jour de la semaine, c'est juste que je pense à ce qu'il vient de se passer.

Le mercredi nous avons pris une habitude. Nous allons d'abord dans le service d'hospitalisation de jour, directement en salle d'attente. Il y a toujours beaucoup de monde : des parents qui tentent de faire bonne figure et des enfants qui attendent leur traitement et leur consultation. Ils sont là alors qu'ils pourraient être avec leurs copains, à la piscine, au volley, au cours de guitare ou ailleurs. En gros, c'est moyennement la fête. Lorsqu'on arrive avec Snoopy, il se forme immédiatement un cercle. Les enfants se réunissent autour de lui, se mettent à discuter ensemble. Les parents, voyant leurs enfants un peu moins stressés, se détendent aussi et se mettent à échanger avec les autres parents. Ça ne loupe jamais. Évidemment ce n'est pas du cent pour cent, il peut y avoir un parent qui reste assis à l'écart mais globalement, c'est tout de même très impressionnant. L'attente paraît aussi moins longue. N'importe quelle personne qui a attendu quelque part sait que c'est désagréable. Déjà qu'on s'énerve à la caisse du supermarché, alors imagine chez l'oncologue ! On rumine, on ressasse, on s'enferme dans une espèce de cercle mental infernal. Il faut que ça cesse. Snoopy désamorce ces tensions en moins de temps qu'il ne faut pour dire ouaf. C'est vraiment génial.

Après la salle d'attente, ce qu'on aime bien faire, c'est aller devant les salles de soins. Les chimios sont souvent posées le matin. Donc on va voir les enfants qui ont déjà leur traitement en cours et on leur propose de promener Snoopy dans les couloirs. Alors là, c'est carrément l'euphorie. Il faut voir le tableau : d'une main, ils font rouler leur pied à perfusion, et de l'autre, ils font les fiers en tenant la laisse de Snoop'. Spectacle garanti à chaque passage !

Quand tous les enfants ont eu leur moment, nous nous dirigeons vers la salle de jeux de l'hospitalisation. Nous avons convenu avec Emmanuelle, qui est responsable de ce secteur, d'un point de rendez-vous. Elle est prévenue de notre arrivée et réunit tous ceux qui le souhaitent devant l'aquarium. Et c'est reparti pour une séance de câlins, de massages et de papouilles. Snoopy est aux anges. Il se laisse faire. Il a appris à ne pas bouger, et les enfants se sentent parfaitement en sécurité.

Hier il y avait une petite fille de deux ans et demi, adorable, qui voulait absolument lui raconter des histoires. Elle voulait aussi lui montrer sa robe, la plus belle de toute son armoire, rose avec des volants partout. Mais Snoopy était couché. Pas de problème, plutôt que de le faire lever, elle s'est allongée près de lui et a continué à lui parler comme si de rien n'était. Simple, facile, relax.

On a fait un peu le tour du service parce qu'Emmanuelle nous a indiqué qu'il restait des patients qui n'étaient pas venus près de l'aquarium. On s'est dit qu'on pouvait au moins leur présenter Snoopy. Libre à eux d'accepter ou de refuser.

Toc, toc, toc. « Oui », nous dit la maman de cette jeune fille de 14 ans recroquevillée sur son lit. Son diagnostic est très récent. Elle est mutique depuis plusieurs jours, triste, renfermée. Comment ne pas la comprendre ?

Snoopy n'a pas le droit d'entrer dans les chambres. Ça fait partie des règles d'hygiène. En revanche il peut rester sur le pas de la porte. On le fait souvent quand les enfants sont trop faibles pour aller dans le couloir, comme ça, ils peuvent profiter de la petite bouille de Snoop' depuis leur lit. Ce jour-là, j'applique la même technique avec la jeune fille qui refuse de sortir. Je la vois qui le fixe. Elle déplie ses jambes, comme si son corps se détendait. Après quelques minutes elle avance sa tête vers lui et lui envoie un sourire. C'est rapide, ça ne dure pas une éternité, mais il s'est passé quelque chose.

Elle a souri. Sa mère tente de contenir son émotion mais je vois bien qu'elle est au bord des larmes. Après un petit moment je décide de partir tout en expliquant à la jeune fille qu'elle peut voir Snoopy autant de fois qu'elle le désire. Il suffit de demander à Emmanuelle. La maman me suit sur le palier : « Merci, Madame, c'est la première fois que ma fille sourit depuis l'annonce. Merci, merci, merci. » Elle s'agenouille pour caresser Snoopy puis disparaît dans la chambre de sa fille.

De mon côté je retourne dans le bureau pour partager cette merveilleuse nouvelle avec l'équipe. C'est exactement pour ce genre tête-à-tête que nous avons persévéré et que nous persévérons coûte que coûte. Snoopy s'allonge dans son panier. Il a bien travaillé, reçu sa friandise et encore des papouilles. D'ici quelques minutes, l'un de nous ira le promener.

Et puis soudain… Toc, toc, toc. Est-ce que la jeune ado veut déjà revoir Snoopy ?

Cette fois, c'est Élodie qui va ouvrir. Devant elle se trouve une jeune femme. On se dit que c'est une maman, qu'elle veut qu'on retourne en pédiatrie. Mais pourquoi est-elle directement venue dans notre bureau ? C'est plutôt inhabituel comme façon de faire, il suffisait de demander à Emmanuelle !

« Bonjour, excusez-moi de vous déranger, c'est bien ici Snoopy ?

— Oui.

(OK, maintenant c'est carrément le bureau de Snoopy ! C'est bon à savoir.)

— Voilà, je viens vous voir pour ma maman. Elle est dans une chambre en haut. Elle vient de Serbie. Là-bas elle avait un chien qu'elle adorait mais elle n'a pas pu le prendre quand elle est venue en France. Je me suis dit que ça lui ferait sans doute plaisir de voir Snoopy. Vous croyez que ce serait possible ? »

Nous sommes stupéfaits. Non seulement cette femme a parfaitement compris toute notre démarche mais elle a cherché notre bureau pour faire du bien à sa maman sans attendre. Alors non, vous ne nous dérangez pas, et oui, c'est possible !

Je ne peux pas oublier le sourire de cette femme au moment où sa fille a ouvert la porte de la chambre. Son regard s'est illuminé d'une façon incroyable. C'est comme si un pan de son passé venait de reprendre vie devant les quelques mètres carrés qui étaient les siens aujourd'hui. Son pays abandonné, les promenades avec ce chien qu'elle adorait, le reste de sa famille, et surtout le temps où elle était en bonne santé. Tous ces souvenirs heureux qui arrivaient d'un coup comme un paquet-cadeau qu'elle pouvait caresser et qui la regardait avec des yeux tendres.

Cette visite, la dernière de la journée, nous a fait à tous un bien fou. À la famille de cette femme évidemment, mais à nous cinq également. Ce n'est pas rien d'apporter de la joie.

# En cordée

## ISABELLE

Cela fait un moment que nous parlons de partir tous ensemble en week-end à la montagne. Ça tombe bien, ma sœur a un chalet, et ce qui tombe encore mieux, c'est qu'elle est sympa et nous a tous invités à venir prendre ce bol d'air dont nous avons tant besoin. Nous fusionnons nos emplois du temps, et après avoir exploré toutes les options, nous arrivons à trouver une date. Malheureusement, Hédi ne peut pas se libérer. En revanche nous embarquons Laure.

Nous n'avons pas choisi Laure par hasard. Au départ, c'est une infirmière d'oncologie médicale. C'est-à-dire qu'elle fait de la chimio à temps plein, notamment auprès des AJA[20]. Elle est aussi diplômée en plaies et cicatrisation, donc elle a déjà eu l'occasion de venir dans notre unité pour nous aider auparavant. Depuis Snoopy, nous sommes de plus en plus souvent débordés. Nous avons besoin d'un relais pour la partie purement clinique lorsque nous nous occupons des interactions. Toute l'équipe apprécie son caractère. Elle est sympa, concentrée et « moteur », tout ce qu'il faut pour ce fameux mi-temps infirmier dont nous avons tant besoin.

20. Adolescents-jeunes adultes (15-25 ans).

Voilà, en condensé, comment Laure est arrivée parmi nous.

Nous savons tous plus ou moins à qui nous avons affaire. Elle aussi, mais elle est encore un peu sur la réserve, ce qui est bien normal quand on intègre une équipe aussi soudée que la nôtre. Ces quelques jours sont une sorte de week-end d'intégration pour elle.

Nous louons un véhicule spacieux. Je n'ai aucune connaissance en automobile donc je dirais que c'est le genre de camionnette qui sert généralement à transporter les équipes de sport lorsqu'elles se déplacent pour les compétitions. Tout à fait nous.

Nous voilà partis pour six cents bornes. Je suis assise sur la dernière banquette avec Snoopy. À l'avant, Marguerite est copilote, et Maxime, au volant, prend très à cœur sa mission, du départ jusqu'à l'arrivée. Maxime, quoi. Sur la banquette du milieu Élodie mange des chips et organise des blind-tests près d'une Laure encore un peu discrète. Tout le monde joue le jeu, les réponses fusent, le paquet de chips circule et la camionnette avance.

Depuis mon poste d'observation, je regarde ma petite colo avec une satisfaction reposante. J'ai l'impression d'être dans un film. Le genre de trucs d'ados façon *Stand by Me*, où on pense que c'est à la vie à la mort et que tout est possible. Je vis ce moment un peu hors du temps. C'est comme un gros plan où tout le monde a l'air bien, détendu, heureux. Nous ne sommes pas encore arrivés et pourtant je respire déjà mieux. Je jette un œil à Snoopy. On dirait qu'il sourit aussi. Pourquoi pas, il est tellement sensible. Nous arrivons à la nuit tombée et je me dis qu'on aurait pu continuer pendant des heures. On était tout simplement bien. Bien ensemble.

Le lendemain nous organisons le planning de la journée. Les plannings, toujours les plannings. Je suis la seule à ne pas skier donc je suis chargée d'apporter les sandwichs au départ des pistes à l'heure du déjeuner. Je prends mon temps le matin, puis avec Snoopy et Swann, la chienne de ma sœur, j'entame l'ascension vers le point de rendez-vous. Alors oui, c'est sympa d'avoir un chalet, mais il faut tout de même se dire que les départs de pistes sont rarement devant la porte. Il me faut environ une heure pour toucher au but, ce qui est un véritable régal pour Snoopy qui court dans tous les sens. C'est évidemment un peu plus difficile pour moi qui ne suis pas un setter anglais de 3 ans. Swann est plus prévenante et vérifie régulièrement que je n'ai pas dévalé la pente en sens inverse, ce qui, l'air de rien, donne à Snoopy une petite leçon de comportement vis-à-vis de l'humain.

Une fois réunis, nous partageons le pique-nique, joyeux d'être à nouveau ensemble dans ce cadre si différent de notre quotidien. Puis les skieurs repartent, et de mon côté, je me dirige vers la forêt. C'est une banalité sans nom, mais se promener dans la nature fait un bien fou. Je peux profiter de cette marche pour réfléchir au boulot. Ce travail fait partie de moi et je ne décroche jamais complètement. Je pense aussi à KDOG. À l'évolution possible du projet, au travail des biochimistes. Dans ces cas-là, le calme est précieux. On a si peu d'occasions d'être réellement au calme…

Et puis soudain, un moment magique se glisse sur mon chemin. Les chiens s'étant enfoncés dans les arbres, ils ont très certainement délogé une biche. Voici l'animal qui se tient maintenant face à moi. Je ne sais pas qui est la plus étonnée. Elle est grande et majestueuse. Je suis petite et emmitouflée. Nous sommes toutes deux figées. Je l'admire pendant qu'elle me jauge. Ces quelques secondes d'émerveillement s'interrompent lorsque les deux chiens arrivent essoufflés, langues pendantes, comme des bourrins. Où est le grand steak ? Est-ce qu'on va pouvoir enfin l'attraper ? Il est où ? Il est où ? Il est où ? En voyant les deux têtes folles, la sublime créature bondit avec une grâce infinie. Hop ! terminé. Un moment grandiose pour moi, et une chasse ratée pour les deux amis qui se remettent immédiatement à batifoler.

Le lendemain, c'est avec Laure et Élodie que je partage ma balade, ce qui nous offre de longs moments d'échanges. L'espace, le calme, le temps et la joie d'en profiter ensemble. Et puis le soir, comme tous ceux qui partent en vacances à la montagne, nous jouons et mangeons des spécialités locales. Sérieusement, je ne vois pas mieux.

Dimanche arrive. On range, on remonte dans la camionnette du bonheur avec une petite moue boudeuse mais surtout avec des batteries chargées à bloc.

Notre métier est intense. Le rythme est intense, la charge émotionnelle est intense, les responsabilités sont intenses. On ne peut pas partir à la montagne en claquant des doigts. C'est pour cette raison qu'on a besoin de Snoopy.

On a choisi ce métier par passion mais il faut avouer que ce n'est pas tous les jours facile. Autour de nous il y a des gens qui souffrent, qui meurent, des personnes mutilées, des plaies, qui peuvent couler ou être parfois très malodorantes, il y a des familles inquiètes, des patients nerveux, en colère, qui attendent de nous d'aller mieux, alors ces moments sont plus que nécessaires.

Au-delà d'une parenthèse enneigée, ce week-end est avant tout un signe de cohésion. Adopter Snoopy, c'est s'engager pour une très longue période, pour une vie entière de chien. Celle d'un setter est estimée entre dix et quatorze ans. On s'engage alors qu'il peut se passer mille choses : on peut être malade, on peut déménager loin, et que sais-je encore. Quoi qu'il en soit, à partir du moment où l'on décide que Snoopy reste avec nous à Curie, on acte du même coup le fait que nos quotidiens vont devoir s'arranger en fonction de lui, ensemble. J'ai pas mal rassuré Maxime en lui disant qu'on ne peut pas tout prévoir, et c'est vrai. Jusqu'ici, heureusement, tout se passe bien. Mais si on replace ça dans le contexte actuel des soignants en France, c'est-à-dire des changements de service tous les trois ans, c'est un pari fou. Et que dire de la durée de vie des soignants à l'hôpital ? Elle est en moyenne de huit ans. Alors être réunis autour de Snoopy, « faire famille », comme on dit, vivre des moments comme celui-là, d'union, de cohésion, c'est plus qu'important. C'est indispensable.

# Les mots des maux

## MAXIME

La communication entre Élodie, Hédi, Isabelle, Marguerite et moi est particulièrement fluide. On se chamaille, on se vanne, on se titille. Il règne dans le bureau un sentiment mi-pro, mi-colo assez unique. Quant à Marguerite, en plus de dix ans de collaboration, nous avons développé des liens quasi fraternels. Depuis l'arrivée de Snoopy, nous formons une grande famille. Je pense que c'est aussi grâce à cela que j'arrive à trouver un équilibre pour mes patients.

Lorsqu'on fait appel à nous, c'est parce qu'il y a une plaie. Qu'elle soit petite ou grosse, avancée ou débutante, il faut la traiter mais il faut aussi traiter la personne qui la porte, lui parler, apaiser ses craintes.

Par exemple, une femme opérée d'un cancer du sein vient nous voir deux ans après son intervention. Sa cicatrice a changé, une petite boule rouge est apparue et évolue bizarrement. Certainement un fil perdu, me dit-elle, tentant de se convaincre et cherchant mon approbation. Je regarde ce minuscule début d'alerte. Je me dis qu'elle a bien fait de venir. Certains attendent des lustres et passent le pas de l'Institut avec des complications parfois bien difficiles à rattraper.

Ma patiente du jour s'accroche à son fil, celui qui la lie encore à la rémission. Je me dois de rester neutre, prudent. Seule la biopsie nous dira la vérité. La seule façon d'avoir une certitude, c'est de faire appel au chirurgien. Alors comment lui parler ? Comment lui dire que le fil ne représente qu'une chance infime ? Comment lui annoncer qu'elle va devoir repasser par la case prélèvement, attendre à nouveau quinze jours avant de connaître la suite des événements ? Si je lui parle de cancer, son angoisse commencera avant même d'avoir vu le médecin. S'il s'avère qu'elle n'a rien, elle va me détester. Je dois donc surfer entre la réalité et la douceur. « Madame, il vaut mieux faire un prélèvement pour s'assurer que tout va bien. Je peux téléphoner à mes collègues si vous souhaitez le faire quand nous aurons terminé. » Que faire, que dire d'autre ? De toute façon, je ne peux pas la laisser repartir sans agir.

Lorsqu'elle passe la porte de ma salle de consultation et que je la vois s'éloigner, je garde pendant quelques minutes la lourdeur de ce moment. Je me demande si j'ai bien fait, si j'ai été assez doux, si mes mots ont suffi à la rassurer. J'ai fait au mieux, ça, j'en suis sûr.

Je dois maintenant m'occuper d'un patient que je connais bien, délicat lui aussi mais d'une autre façon. J'ai besoin de Snoopy.

Quand j'arrive dans le bureau il n'y a qu'Hédi et Laure. Elle est assez marrante. Avec les autres, on sent qu'elle est à ça de lâcher les rênes mais comme elle n'est pas là tout le temps, elle n'ose pas vraiment. Résultat, sa retenue est encore plus drôle qu'une vanne lancée au bon moment. Ça aussi, c'est sympa.

Hédi comprend parfaitement l'état dans lequel je me trouve en sortant de consultation, elle a vécu ça pendant deux ans avec ses « Dermacliquettes ». Beaucoup d'entretiens, parfois très longs, étalés sur plusieurs années, ça crée une dynamique qui va bien au-delà du scientifique. Les joies, les douleurs, les angoisses, les peines, tout se partage au fil du temps, et on entre au cœur de l'humain. Sans compter qu'Hédi est particulièrement sensible et qu'elle me connaît bien. Elle décode immédiatement mon expression et me tend un chocolat. Je ne résiste jamais à un chocolat. Jamais.

Je prends Snoop' pour une petite pause dans le jardin intérieur. Le voir courir derrière les oiseaux et faire le fou me détend. De retour au bureau, ça va déjà un peu mieux, je suis prêt à aller voir Monsieur M. « Allez, mon Snoop', tu viens avec moi. » Il s'avance devant la porte et attend sagement le départ.

Monsieur M. est en soins palliatifs. Pour aller jusqu'à sa chambre, je dois traverser un long couloir et la salle d'attente des consultations. En sortant de la partie administrative, Snoop' se met à trottiner tranquillement près de moi. Lorsqu'il fait son entrée dans le couloir, c'est toujours la même chose. J'ai l'impression d'allumer une lumière. Toutes les têtes se tournent et se mettent à sourire en même temps. Certains avancent la main pour le caresser quand il passe devant eux et d'autres me posent des questions. J'adore ces moments parce que je ne connais pas ces gens. Ce ne sont pas mes patients. Nous ne parlons pas de leur dossier, de leur plaie, de leur avenir ou de quoi que ce soit lié à leur cancer. Nos échanges se limitent à Snoopy et parfois à leur chien. L'un va me demander l'âge qu'il a, l'autre connaît sa race et ses caractéristiques, le troisième a un chien complètement différent mais qui semble avoir le même caractère malicieux.

En effet pendant que je discute, Snoopy en profite souvent pour faire toutes sortes de bêtises. Il attrape un manteau, joue avec un patient qui lui tend la main, renifle un peu partout à la recherche de nourriture, etc. Avec l'équipe, on est vigilants sur ce genre de comportements. On fait attention à ce que ça n'aille pas trop loin néanmoins, on tient à ce que Snoopy garde sa personnalité. C'est un chien joyeux et farceur et c'est aussi ce qui fait du bien. Cette spontanéité, cette fraîcheur, cette légèreté, c'est de ça dont nous avons tous besoin. Ce serait totalement fou de le brider, non ? Pendant ce court chemin, je ne pèse pas mes mots, et encore une fois c'est Snoopy qui m'offre ce répit.

Nous arrivons devant la chambre de Monsieur M. Ses jours sont comptés. Ce n'est un secret pour aucun d'entre nous. Mon travail consiste à le soigner aussi confortablement que possible et pourquoi pas, si c'est possible, à le faire sourire. Lorsqu'il voit Snoopy, je sens qu'il est déjà content. Peut-être parce qu'il ne représente en rien le monde médical. Je ne sais pas. Certains patients aiment le voir parce qu'il leur rappelle leur chien ou carrément leur enfance. Avec Monsieur M., ça n'a rien à voir, il adore les animaux mais a toujours vécu sans. Il me demande : « J'en ai plus pour longtemps, hein, Maxime ? »

J'ai beau avoir traversé cette situation de nombreuses fois, c'est toujours aussi délicat. Qu'est-ce que je réponds ?

« Mais non, ne dites pas ça, si ça se trouve on va se revoir dans trois ou quatre ans » ? C'est absurde. On sait tous les deux que c'est faux. En revanche je peux envelopper la réalité pour qu'elle soit plus douce. « Oui, effectivement je ne sais pas combien de temps vous allez encore rester avec nous mais peut-être qu'il vous reste des choses à faire, à dire, de la famille à voir. » C'est parfois efficace, et puis parfois pas.

Il arrive que cette question cache en fait un gros ras-le-bol. Et si Monsieur M. commençait à trouver le temps long ? Alors dans ce cas je devrais dire quoi ? Je peux juste lui proposer de faire tout mon possible pour qu'il parte sereinement. Mon objectif, c'est de l'accompagner de la façon la plus apaisée qui soit.

Il reçoit peu de visites. Là encore je dois jongler, pratiquer cette gymnastique des mots et surtout, surtout, je ne dois pas bégayer. Non pas que je bégaye dans la vie mais ce que je veux dire, c'est qu'ici, et particulièrement dans ces circonstances, une personne qui pose des questions attend des réponses, pas un gloubiboulga qui veut tout et rien dire. Une pelote posée par terre à démêler sans indication. C'est aussi cette clarté, cette franchise qui construit une relation de confiance. Si je lui bafouillais un « oui, non, euh, je ne sais pas, euh, peut-être, mais ça va aller, enfin peut-être, enfin pas trop mal… », ce serait vraiment une horreur.

Après une demi-heure passée ensemble, je finis par quitter la chambre. Monsieur M. est fatigué et nous adresse un signe de la main. Je vois qu'il regarde Snoopy avec beaucoup de tendresse, ce qui me fait plutôt plaisir.

J'ai besoin de retourner à ma base. Laisser sortir la pression, dire n'importe quoi, rigoler avec l'équipe. C'est étrange, mais j'ai l'impression que Snoopy capte mes émotions. Pourtant je ne suis pas particulièrement émotif, je dirais plutôt que je suis sensible (et heureusement d'ailleurs), que je suis à l'écoute comme une personne qui a choisi le soin pour métier. C'est quelque chose que je vis, que je remarque mais que je n'arrive pas à analyser. Quand je suis avec un patient, j'arrive à être concentré, attentif à ce que je dis et à ce que je fais, et dès que je suis avec Snoop', je me relâche.

# Reviens

## ÉLODIE

Grâce à Snoopy, nos liens qui étaient déjà forts deviennent de plus en plus solides. Lorsque c'est mon tour de le garder, je mets en pratique tous les conseils d'Aurélie. J'ai ce petit truc de première de la classe, bien faire les devoirs à la maison, avoir de bons résultats... Rien à voir avec celle qui cache sa feuille pour éviter qu'on copie sur elle, non ; moi, c'est plutôt l'envie de bien faire. Quand nous avons commencé les séances d'éducation à Curie, c'est Snoopy qui devait être félicité, pas moi. Je contenais ma joie alors que je jubilais de réussir à le faire progresser. Une mise en abîme presque trop exaltante !

Quoi qu'il en soit, me voici aujourd'hui en forêt avec Snoopy, fermement attaché au bout de sa longe. Nelson et moi pensons tous les deux qu'il serait peut-être temps de le lâcher. Enfin, peut-être mais aussi peut-être pas. Nelson hésite, il sent que Snoopy n'est pas prêt. Il a un mauvais pressentiment. De mon côté je me dis que primo, ça lui permettra de s'ébattre plus librement, et secundo, ça l'entraînera à revenir vers nous dès qu'on l'appelle. Encore un bon exercice. Isabelle a déjà tenté l'expérience dans le bois près de chez elle, ainsi que Marguerite dans le parc à chiens de Sceaux, et apparemment tout s'est bien passé. Un argument qui a dû faire mouche puisque tout à coup Nelson se baisse et pose la main sur le crochet de la longe. Je sens qu'il est à ça de détacher Snoopy, et je commence à paniquer. Bizarrement, c'est maintenant lui qui me rassure. « Si on ne le fait pas aujourd'hui on ne le fera jamais. »

Au fond de moi je pense : « Frotte-toi les mains sur le poulet, ça va aller. » Quand on prend la phrase en dehors du contexte, ça fait un peu bizarre de dire « frotte-toi les mains sur le poulet, ça va aller », mais en réalité, c'est exactement ce qu'il fallait faire à ce moment-là. En effet, chaque bon comportement de Snoopy est encouragé par une croquette ou une friandise, et quand il réussit quelque chose de particulièrement difficile il reçoit une récompense à la hauteur de son exploit. Cinq mois après son arrivée, il est encore un peu gringalet et a besoin de booster son alimentation, donc on essaye de combiner la nutrition et les récompenses. Ici, du poulet que j'avais pris soin de cuire et d'emporter avant de sortir. Ce petit supplément de protéines goûtu et charnu ne peut lui faire que plaisir.

Nelson tient Snoopy, je me lave littéralement les mains au jus de viande et les passe sous la truffe de Snoop'. J'ai des trémolos dans la voix quand je lui dis : « N'oublie pas de revenir vers moi, c'est moi qui ai le poulet, je te nourrirai pour toujours. » Je suis morte de trouille à l'idée qu'on le détache mais le processus est enclenché, et je sais que d'ici une ou minute ou deux je vais le voir partir comme une balle. Pendant toute la préparation il ne bouge pas, mais au moment où le cliquetis du crochet le libère, je le vois filer à toute berzingue au bout du chemin, hyper excité d'être en liberté, cavalant dans tous les sens à la vitesse de l'éclair. Du grand Snoopy.

Malheureusement je ne profite pas du spectacle. Nous sommes dans une portion de la forêt qui est proche de la route et je commence à me faire des films pas possibles. Je me parle, je rumine, m'inquiète, je m'en veux, ce dialogue entre moi et moi est des plus pénibles. « Mais enfin pourquoi tu l'as lâché, t'es complètement dingo, il y a la route à côté, si ça se trouve il va se faire renverser, et qu'est-ce que je vais dire à l'équipe ? Qu'est-ce que je vais dire à l'hôpital ? Qu'est-ce que je vais dire aux patients ? Parce que maintenant tout le monde nous demande : il est où Snoopy, comment va Snoopy ? Alors qu'est-ce que je vais répondre ? Snoopy, je l'ai lâché et je l'ai perdu ? Ou pire, Snoopy, je l'ai lâché et il s'est fait percuter. »

En marchant et en grommelant nerveusement, je me dis que ce n'est pas juste Snoopy, juste l'équipe, ou juste l'Institut Curie. On commence déjà à parler de lui dans les médias, tout le monde s'est un peu mouillé dans cette histoire, la direction nous a donné son accord, sur la base d'un dossier hyper carré certes, mais quand même ; Aurélie, l'éducatrice canin, elle aussi s'est mouillée ; Caroline, notre véto, idem ; nos patients y croient, ils sont contents ; toute l'équipe s'est engagée là-dedans, donc je ne peux pas ne pas récupérer Snoopy. C'est totalement impossible.

Alors je me parle, je suis en boucle, je n'arrive pas à m'arrêter et pourtant j'ai toujours Snoopy en visuel. Au bout d'un moment je décide de mettre moi-même fin à mon calvaire et je le rappelle. Il s'arrête et revient en courant comme un dingue, la langue sur le côté, les oreilles qui font jding-jding, trop content de son escapade et très certainement de la récompense qui l'attend.

En le voyant courir dans ma direction, je ressens une satisfaction qui va bien au-delà de la bonne élève qui réussit l'exercice du rappel. Même si, il faut bien l'avouer, je suis contente qu'il me réponde. J'ai l'impression de vivre un millier d'émotions entre le moment où il se met en train et le moment où je le récupère. Je lui donne immédiatement son morceau de poulet. Il prend à peine le temps de le renifler et l'avale goulûment. Les animaux ne dégustent pas mais je vois dans ses yeux toute la satisfaction qu'il tire de ces vingt grammes de viande rôtie. Je le caresse, l'embrasse et le félicite. Je suis si contente de l'avoir à nouveau près de moi.

Je le rattache immédiatement. J'ai eu trop peur. En réalité il n'y avait pas vraiment de raison puisque je le voyais tout le temps, mais tout ce qu'il représente m'a sauté au visage. Je me suis dit : « Si tu le perds ; il y a ça et ça et ça qui s'effondrent. » Bon, c'est vrai que je suis un peu du genre à toujours imaginer le pire, mais comme je disais l'autre jour à une copine, Snoopy, c'est une responsabilité que j'ai envers tout le monde. Ce n'est pas que mon chien, ce n'est d'ailleurs pas que celui de l'équipe, c'est celui de l'Institut, celui des patients. Qu'on dise : Snoopy est malade, il doit arrêter de travailler, c'est une chose, mais dire qu'il est perdu, c'en est une autre. Vraiment.

# Petit salon

## MARGUERITE

Je reviens tout juste de chirurgie où j'ai été appelée avec Snoopy pour faire un petit coucou à une patiente que je ne connais pas. Ça arrive assez fréquemment et c'est plutôt agréable. On est là uniquement pour l'interaction, pas pour le dossier, c'est sympa. J'imagine que c'est sympa aussi pour les patients d'ailleurs, car ce « détachement » va nous permettre de les aborder d'une manière différente, moins protocolaire.

Cette dame a toujours eu des chiens. Cinq, si je me souviens bien, dont un qui s'appelait Snoopy ! Actuellement elle en a un petit, ça lui demande moins d'énergie. Comme notre Snoopy ne peut pas entrer dans les chambres (sauf autorisation spéciale), nous avons trouvé une chaise pour qu'elle soit bien à l'aise dans le couloir pendant ce moment qu'elle a spécialement demandé. Snoopy est bas et les patients ont très souvent du mal à se mettre à sa hauteur.

Lorsqu'il s'agit d'une première rencontre, nous expliquons les petites préférences de Snoop'. Il faut que tout se passe bien, que personne ne soit frustré, ou embêté. Le but est de passer un bon moment. Par exemple, il n'aime pas trop les caresses sur la tête, en revanche il adore être grattouillé sur le ventre, allongé comme un pacha. C'est adorable à voir mais s'il est allongé, il faut vraiment que le patient soit installé confortablement. Donc chaise.

Tout se passe impeccablement bien. La patiente est ravie, et Snoop' aussi car il récupère pas mal de friandises. Elle lui parle, le complimente, et sa joie a tendance à attirer le personnel de l'étage. Résultat, au bout de quelques minutes il se forme un cercle de quatre soignantes autour de nous. Le couloir hospitalier vient de se changer en salon. Elles aussi veulent caresser Snoopy. Certaines prennent des photos, pour elles mais aussi pour leurs enfants.

Cette visite, qui était au départ prévue pour la patiente, s'est transformée en moment de détente pour tout le monde. J'adore assister à ce genre d'imprévus heureux.

Je redescends dans le bureau avec la pêche, et ça tombe assez bien parce que je fais un trail le week-end prochain…

Chapitre 5

# Vivre ensemble

# Patinage artistique

## MAXIME

Solidarité. C'est réellement le maître mot de toute cette aventure.

Lorsque nous avons démarré KDOG, nous avons évidemment démarché des partenaires. Parmi eux, Royal Canin, qui nous est resté fidèle malgré tous les aléas. Avoir un partenaire de longue date, c'est un peu une forme d'équipe. Chacun respecte l'autre, son travail, ses envies et ses besoins.

Ce jour-là, Isabelle est invitée à leur séminaire d'entreprise pour présenter le projet et me demande de l'accompagner. Ils sont investis auprès de nombreux acteurs du monde canin, par conséquent nous ne sommes pas les seuls à avoir reçu le bristol. Il y a des chiens de police, des chiens pour personnes malvoyantes et j'en passe.

Le séminaire a lieu à la campagne ce qui a déjà tout pour réjouir notre jeune ami. C'est moi qui garde Snoopy car même s'il progresse bien dans son apprentissage, il a besoin d'être tenu fermement en laisse. On va probablement se relayer, avec Isa, mais elle ne pourra pas le faire seule toute la journée. Lorsque nous arrivons, nous sommes conduits vers une tente où sont dressées des tables pour le déjeuner. Bizarrement Snoopy s'en fiche éperdument. Au début, ça nous étonne. Il n'est pas du genre à faire l'impasse sur une tranche de saucisson. On est à ça de s'inquiéter mais en tournant la tête on comprend immédiatement pourquoi. Il a remarqué un âne en liberté et il adore aboyer sur tout ce qui ressemble à un cheval. Peut-être qu'il se prend pour un taureau, qui sait ?

Avec Isa, nous tentons de le retenir mais l'âne s'approche du buffet. Oh ! misère : âne + buffet, la combinaison extrême. Il se met à tirer sur sa laisse comme un dératé. Sa nature de chien de chasse prend le dessus. Son éducation d'auxiliaire de soins, qui n'est pas totalement acquise, est reléguée aux oubliettes. Il *veut* cet âne. Puisqu'il est excité comme une puce, nous tentons de faire bonne figure et le sortons régulièrement de la tente à tour de rôle. Mais plus il va dehors, plus il voit d'animaux en liberté, et plus il s'excite. Lorsqu'il rentre et qu'il croise les chiens d'assistance pour personnes malvoyantes, ça se gâte. Ces derniers sont stoïques, et leurs maîtres, un chouia agacés. On peut les comprendre, sauf que de notre côté nous voulons qu'il garde son caractère de chien (tout en étant calme lors de ses interactions à l'hôpital, bien entendu). Une intention louable qui se marie malheureusement assez mal avec le contexte. Finalement on parvient à contourner tous ces obstacles en enchaînant les petits tours en laisse, et arrive le moment où Isa doit faire la fameuse présentation du projet devant tout le monde. Il lui faut Snoopy. Les chiens de police sont encore sur scène, tout beaux, tout sages. Pour éviter de perturber l'assistance, elle décide de passer par-derrière, ce qui permettra à Snoop' de prendre un dernier bol d'air avant d'entrer à nouveau sous la tente et, croisons les doigts, d'y rester pendant une heure.

Quand on lui demande ce qu'il s'est passé, Isabelle explique : « J'avais très bien vu la motte de terre. J'ai juste voulu passer dessus. J'ai fait assez de randonnées en montagne pour ne pas me laisser intimider par ce genre de monticules. » Et effectivement on ne pouvait pas la louper. En revanche, ce qu'on ne voyait pas, c'étaient les deux faisans qui picoraient tranquillement de l'autre côté. Dès que Snoopy a vu le bout de la première plume, il s'est mis à foncer comme une fusée. Isa s'est fait emporter et bam ! elle s'est écrasée comme une crêpe, la tête la première dans la boue. Déjà à ce moment, j'étais mort de rire. Snoop' avait un peu arrêté de tirer parce qu'il avait dû comprendre qu'Isabelle à plat ventre dans la gadoue, ce n'était pas super normal. Bref, elle se relève sans trop de problèmes mais totalement couverte de terre. Elle en a absolument partout. Sur la figure, dans les cheveux, sur son pantalon et sur sa veste. La terre recouvre ses barrettes de Légion d'honneur et d'ordre du Mérite. On ne voit plus rien. D'une manière générale quand on s'adresse à des gens, on essaye d'être propre. Ça vaut pour toute l'équipe. Mais c'est vrai que quand Isabelle porte ses décorations, elle fait un petit effort supplémentaire.

On se met à essuyer le désastre avec des kleenex, et évidemment, au lieu d'améliorer la situation on l'empire. On a si bien étalé la boue sur la veste qu'elle ressemble à un cadeau de fête des mères en pâte à modeler marron. Je ris tellement que je ne sais plus quoi faire. Isabelle est partagée entre le rire et la responsabilité. Il faut qu'on trouve une solution. C'est à ce moment qu'on l'appelle au micro : « Madame Fromantin est attendue sous la tente. » Je lui dégote in extremis un sweat-shirt Royal Canin. Elle l'enfile à toute vitesse et récupère un peu de dignité avant de prendre la parole. Je la suis avec Snoopy en laisse. J'entends ses griffes patiner sur le parquet et sa respiration de chien excité. Pour lui, cette journée à la campagne est une vaste récréation. J'ai envie de rire mais je dois garder mon sérieux. Cette présentation fait aussi partie de notre travail. En fin de compte tout le monde adhère au projet. Nous avons la chance d'avoir une relation solide avec Royal Canin qui comprend bien que Snoopy est encore jeune, que c'est un chien de chasse et surtout que nous ne souhaitons pas brider son caractère enjoué.

Nous repartons à Paris, complètement rincés. Snoopy, allongé sur la banquette arrière de la voiture, s'endort immédiatement. Pour lui, maintenant, la vie, c'est papouilles, croquettes et virées à la campagne. Je le regarde dans le rétroviseur. On dirait qu'il sourit. Il doit penser aux faisans.

Quelque temps plus tard je suis de nouveau avec Isabelle et Snoopy pour une autre sorte de présentation. Nous sommes invités par BFM TV[21] pour parler du rôle de Snoopy au sein de l'Institut, et montrer la bouille trop mignonne de notre auxiliaire de soins. Cette fois, pas de problème de gadoue, nous sommes sur un plateau de télé, tout devrait bien se passer. Mais bien sûr…

Pour que la caméra puisse filmer à la fois Snoopy et Isabelle, elle doit le garder sur les genoux. Nous sommes

21. Vidéo visible sur YouTube.

assis sur des tabourets de bar et il n'a pas l'air d'apprécier ce genre de manège. L'interview démarre, et très vite, il se met à gigoter. On le connaît parfaitement, on sait qu'il veut descendre. Le présentateur nous donne le *go*. Super. Je m'approche d'Isabelle pour récupérer Snoopy, qui embarque au passage le mini-micro et tout l'attirail qui va avec. Isabelle continue de parler mais on ne l'entend plus. C'est à nouveau le chaos. Exactement le genre de situations qui nous ferait rire si nous n'étions pas en gros plan sur une chaîne nationale. Isabelle étant privée de sa voix, c'est vers moi qu'on se tourne pour continuer l'interview. Je déteste ça. C'est Isabelle, la pro des médias, pas moi. Je réussis pourtant à dérouler les grandes lignes et les bénéfices que nous ressentons déjà sur le terrain. Pendant ce temps, elle récupère un micro. Je sens que mon épreuve est sur le point de s'achever, et bingo, j'ai à peine terminé ma phrase que le journaliste enchaîne avec un « Isabelle, ça a surpris les patients ? » Cool, je peux enfin me concentrer sur Snoopy qui n'a visiblement aucune envie de rester tranquille. Comme le jour du séminaire, je l'entends patiner sur le parquet. Je sais qu'Isa l'entend aussi, et je suis certain qu'elle pense à Royal Canin. Mais elle ne laisse rien paraître. Elle m'impressionne. Après l'interview en plateau, on est dirigés vers un petit studio pour une sorte de boîte à questions. C'est moins formel mais clairement superflu pour Snoopy qui cherche à s'enfuir du début à la fin. Pour nous aussi c'est un peu trop, et on laisse échapper quelques rires.

Malgré cette performance, disons, énergique, Snoopy a réussi son tour de magie habituel. Tout le plateau souriait non-stop. Quant à nous, et malgré mon trac, nous avons pu expliquer clairement son rôle au sein de l'hôpital. Parler de lui, vivre avec lui, autour de lui, tant de choses nouvelles, drôles et excitantes offertes par une seule personnalité.

# Chien de chasse

## ISABELLE

Snoopy est un setter anglais. Pour ceux qui n'y connaissent rien en race canine, c'est juste un magnifique chien avec des poils mi-longs, des oreilles qui flottent au vent et un caractère d'enfant joyeux. Pour les autres, c'est un chien de chasse.

Au moment de l'adoption, il a déjà 2 ans, nous avons assez peu de précisions sur sa vie d'avant. Tout ce que nous savons, c'est qu'il n'a pas été maltraité puisqu'il aime la compagnie des hommes. Concernant la chasse, le mystère reste entier. Lorsque nous sommes en balade, il est très clairement attiré par tout ce qui ressemble à un animal. À Paris, le choix est assez réduit : pigeon ou rat. Fort heureusement, il se trouve plus souvent face au volatile qu'au rongeur.

Pourtant, malgré tout l'amour que je lui porte je suis obligée de dire que si nous devions compter sur lui pour nous nourrir, nous serions très vite morts de faim. Concernant les pigeons, voici sa technique de « chasse » : d'abord il aboie pour effrayer sa proie, ce qui n'est déjà pas très malin puisqu'elle s'en va, mais passons. Si par chance le pigeon reste, alors Snoopy va se mettre à ramper, la queue dressée et frétillante, jusqu'à une distance raisonnablement proche du volatile. D'après les connaisseurs il semblerait que ce soit une position classique d'approche. Va pour la position classique. Puis il le regarde droit dans les yeux. Là, le pigeon doit se poser des questions : Que se passe-t-il ? À quoi joue ce chien ? Est-ce qu'il veut me sauter dessus, et si oui, pourquoi il attend ? Est-ce que je peux partir ? Snoopy va avancer une patte, le pigeon va arrêter de réfléchir et tout bêtement s'envoler. Fin de la chasse.

Ce qui est formidable quand on adopte un chien, c'est qu'on regarde la nature autrement, et notamment pendant les balades. La semaine dernière nous étions au parc près de chez moi, et je vois Snoopy en pleine exploration olfactive autour d'un trou. Il renifle dans tous les sens, tourne autour, une fois, deux fois, trois fois, il remet sa truffe dedans, part et revient. Moi je ne bouge pas, je le laisse faire. S'il a senti quelque chose, c'est qu'il y a vraiment quelque chose. J'ai assez travaillé sur le flair des chiens pour ne pas mettre cette capacité en doute. Et donc j'attends au bout de la laisse et je le regarde s'affairer autour de ce tout petit trou de terre. Soudain, une tête de lapin fait irruption. Snoopy sursaute, et au lieu de l'attraper comme le bon chasseur qu'il est supposé être, il va se cacher derrière moi ! Je le rassure en riant, le lapin repart d'où il vient, sans doute en riant aussi, et Snoopy se lance à sa poursuite. En vain, bien évidemment.

La seule fois où il a attrapé sa proie, il n'a su qu'en faire. Nous sommes en balade à la fac d'Orsay lorsqu'il repère une poule d'eau. Poussé par je ne sais quelle énergie, il fonce dessus et arrive tout juste à la pincer, ce qui le surprend lui-même. Là, il lève la tête vers moi et me regarde d'un air de dire « et maintenant je fais quoi ? » Ça, c'est le genre d'anecdotes qu'on aime bien se raconter le lundi matin quand on rentre au bureau. Ça nous amuse, et on démarre la semaine de bonne humeur. Comme dit Baloo dans *Le Livre de la jungle*, « il en faut peu pour être heureux ».

C'est vrai qu'on est tous dingues de Snoopy mais on ne peut pas nier qu'il est un peu vigoureux quand on le promène. Pendant un moment, j'avais une de ces laisses complètement idiotes qu'on tient avec un enrouleur. C'est peut-être très bien pour les petits chiens mais pour un setter anglais qui se prend pour un véritable chien de chasse, c'est exactement l'inverse de ce qu'il faut.

L'épisode suivant se passe environ huit mois après la sortie du refuge. Il a de bonnes bases d'éducation mais, et c'est ce que nous faisons en permanence, il faut rester vigilants. Rien n'est acquis, loin de là. Bref, me voici aux Ulis avec ma laisse qui fait *zzzwing* en train de parcourir les allées vertes autour de chez moi. Tout à coup, Snoopy se met à courir, la laisse se déroule à toute vitesse, je suis emportée, puis arrêtée violemment par la fin de la corde. Évidemment je me cramponne à la poignée et je tombe.

Mes lunettes sont explosées et moi aussi. J'ai mal, et ma cheville se met aussitôt à gonfler. Pas besoin d'être infirmière pour savoir que c'est mauvais signe. Snoopy revient vers moi et me regarde d'un air penaud. Lui aussi a compris qu'il y a anguille sous roche. Je le sens fébrile, apeuré. Peut-être craint-il que je le punisse ? pire, que je l'abandonne ? Quelle horreur, jamais de la vie, mon Snoop' ! Je suis fâchée mais je ne peux pas lui en vouloir d'être un chien et de courir après les animaux. Je ne peux pas lui en vouloir non plus pour cette laisse stupide. Et puis il faut avouer que je suis contente de l'avoir près de moi. Je le caresse, ça me fait un peu de bien.

Je dois appeler quelqu'un pour m'aider à me lever et à rentrer chez moi. Mon fils est dans notre appartement à quelques mètres de là, et Florence, ma compagne qui est médecin, n'est pas loin non plus. Pourtant je me tourne vers Élodie et Marguerite. C'est mon premier réflexe parce que j'ai un problème avec le chien, et « chien » égale « équipe ». Finalement ce sont Élodie et Nelson qui viennent à la rescousse. Snoopy a cinq coparents qui s'occupent les uns des autres. Ça en fait, des bras et des cœurs !

Dans ma tête, je peux attendre, j'ai juste besoin des premiers soins. Hors de question, disent-ils, ça prendra le temps qu'il faut mais on va aux Urgences. Qui mieux que nous pour comprendre les priorités de ce service et attendre sagement notre tour ? J'y ai donc passé la nuit entourée de mes deux amis, infatigables. « Vous avez une fracture, Madame, comment est-ce arrivé ? — Je suis tombée en promenant mon chien. — Ah ! d'accord. Vous aurez une attelle et des béquilles, rentrez chez vous. — Merci au revoir. »

Dans les faits, si tu racontes que c'est l'auxiliaire de soins de l'Institut Curie qui t'a mise dans cet état en voulant attraper un pigeon, ça casse un peu l'ambiance. Mais je me fiche des mauvaises langues, j'ai parfaitement assumé cet incident. L'important, c'est de voir plus large.

Ce que je retiens surtout, c'est l'incroyable solidarité qui se dégage encore une fois de cet épisode. Nous n'avions aucun doute sur le lien qui existe entre nous, mais depuis l'arrivée de Snoopy, il semble que quelque chose ait bougé. Nous parlons de coparentalité, cela fait parfois sourire, et pourtant je pense que c'est exactement le mot qui convient quand on forme une famille.

# Colère

## ISABELLE

Ce matin j'arrive à Curie. Comme d'habitude, on fait le point « patients ». Chacun détaille les dossiers du jour, et nous voyons ensemble qui ira où, avec qui et quand. C'est également à ce moment-là que nous envisageons les meilleures options pour Snoopy et que nous bloquons ses temps de pauses.

Aujourd'hui je vais rencontrer une femme que je n'ai jamais vue avant. Elle est assez âgée et vient pour une radionécrose[22]. La plaie est petite mais le ras-le-bol est énorme. Les traitements ont commencé il y a des années, alors qu'elle était encore jeune. La chirurgie d'alors n'était pas celle de maintenant et sa poitrine en porte encore les stigmates.

Toute la rage qu'elle retient depuis des années se déverse au moment où j'entre dans la salle de consultation. C'est comme si j'avais ouvert une boîte de Pandore. Elle ne m'en veut pas personnellement mais je suis là, devant elle, avec ma blouse, et je représente la médecine, la maladie, les pansements, les cicatrices, la souffrance, les médicaments, l'arrêt et la reprise des traitements. Elle

22. La radionécrose est une destruction des cellules de la peau, survenant à la suite d'une radiothérapie.

expulse l'anéantissement de sa vie intime comme un hibou expulse une souris morte, elle parle, s'emballe, recommence et laisse parfois des silences dans lesquels j'essaye de me faufiler pour lui expliquer la situation. Sa plaie est minime. Agressive mais minime. Rien à faire, elle ne veut pas m'écouter. Elle rejette tout en bloc. Je ne peux ni hausser le ton, ni la contrarier, je suis obligée d'attendre.

Après de longues minutes, je réussis à lui poser une question. Je ne veux pas lui parler de sa maladie ni de sa plaie. Je préfère lui parler de sa vie. « Que faites-vous pendant la journée ? » Elle plante son regard dans le mien. Je le sens à la fois vide et terriblement dur. « Mes journées, je les passe à chercher comment je pourrais me suicider. » Je reste stoïque. Je suis aussi là pour l'écouter. Alors elle continue. « Le problème, c'est qu'avec les médicaments, on peut se rater. Sinon il faudrait que j'investisse pour aller en Suisse ou en Belgique. Eux, au moins, ils comprendront que je veux en finir. » Je sais parfaitement qu'elle ne relève pas des conditions fixées par ces deux pays pour pouvoir recourir à l'euthanasie mais je ne dis rien et je la laisse poursuivre. Je sens que cet inventaire, cette provocation, lui fait un peu de bien. « Sinon je peux me jeter à l'eau avec un poids pour être sûre de ne pas me louper. »

Dans la salle, je vois Maxime et la nièce de la patiente qui me regardent d'un air dépité, quant à moi, je ne peux pas ouvrir la bouche sans me faire rabattre le caquet dans la seconde. Cette consultation est particulièrement électrique.

Et au milieu de cette litanie, elle glisse son seul regret : « Le seul truc qui m'embête, c'est de laisser Apollo tout seul. » Sur le coup je ne sais pas si j'ai entendu « Apollo » ou « Paulo », mais si c'est bien Apollo, ça ressemble à un nom d'animal, et c'est mon unique chance de rattraper ma patiente. Alors je tente le coup. « Vous avez un animal ? — Oui, un chien. » Ma longue apnée commence à prendre fin pile à ce moment-là. Je lui demande de me parler de son chien et fais discrètement signe à Maxime pour qu'il aille très vite chercher Snoopy. Nous nous comprenons d'un geste et il sort de la pièce sans faire de bruit.

Je demande à voir les photos d'Apollo. Son téléphone en est rempli. Petit à petit, je réussis à m'approcher un peu d'elle. Chaque photo est commentée, expliquée, contextualisée. Là, c'était à Noël ; celle-ci, c'est dans le jardin ; là, il est dans son panier ; ça, c'est avec son jouet préféré… Je sens sa colère qui s'apaise tout doucement. Je laisse faire, je ne tente aucun geste médical pour le moment, j'attends le retour de Maxime avec Snoopy.

Néanmoins j'engage un peu plus loin la conversation. « Est-ce que vous avez pensé à ce que deviendrait Apollo si vous vous suicidiez ? » Elle me regarde sans rien dire. « Il va rester seul et c'est bien dommage parce que c'est un petit chien vraiment adorable. Je ne dis pas ça pour être démago ou pour vous amadouer mais parce que c'est vrai. Est-ce que vous y avez pensé ? » Gros silence à nouveau. Je ne sais pas trop si j'ai fait avancer ou reculer mon train. C'est pile à ce moment que Maxime arrive avec Snoopy.

J'ai deux témoins pour affirmer que le visage de la patiente s'est totalement transformé quand elle l'a aperçu. La consultation a basculé instantanément dans une autre ambiance. Tout dans son regard s'est illuminé. Elle l'a caressé, lui a souri, lui a parlé, et finalement s'est tournée vers moi pour s'excuser. « Vous savez, je suis désolée, mais quand je suis arrivée j'étais trop en colère. »

Je peux dire que cette consultation a été deux fois sauvée par les chiens. Par Apollo d'abord, qui m'a permis d'accéder à ma patiente, et par Snoopy bien sûr, qui lui a donné la douceur dont elle avait besoin et également un point d'accroche à la vie. Ce n'est pas un mince exploit surtout quand on a affaire à une personne qui n'a plus d'affinités avec sa propre existence. En fin de consultation nous avons pu parler de ce sujet sensible et des solutions qui existent pour éviter d'en arriver à de telles extrémités. Nous nous quittons après qu'elle a longuement caressé Snoopy, et je me promets de prendre de ses nouvelles dans les jours suivants.

Chose promise, chose due, je lui téléphone. Cependant mes appels restent sans réponse et je finis par m'inquiéter. Est-ce qu'on aurait manqué quelque chose ? Pourtant elle avait l'air de se sentir un peu mieux en partant. Je ne comprends pas. J'appelle encore une fois, et laisse un énième message vocal.

Ce n'est que trois jours plus tard que j'entends enfin sa voix sur mon répondeur. « Pardon, Isabelle, je vais bien, je suis en ce moment dans mon jardin avec Apollo. Je suis allée voir mon généraliste, comme vous m'aviez dit. Il m'a recommandé un psy mais je n'ai pas envie. Quoi qu'il en soit, toute cette histoire m'a fait réfléchir. Merci à vous tous et un bisou à Snoopy. »

# Contact

## MARGUERITE

Il y a un truc qui me marque pas mal, avec Snoopy. Pendant le Covid j'ai été très frustrée avec les masques parce qu'on ne pouvait plus sourire aux patients. Le sourire est tellement important dans la vie, et surtout quand on est soignant ! Ça permet de faire passer plein de messages, de rassurer les gens, c'est extrêmement important au travail et notamment dans le monde de l'hôpital. Le fait de devoir porter ces masques était vraiment difficile, parce que j'avais l'impression de ne plus pouvoir communiquer comme je le fais parfois. Bien sûr, ce n'était qu'une impression parce que les yeux disent aussi beaucoup. On apprend à regarder vraiment les personnes, à avoir un regard souriant, expressif. En fait on regarde les gens complètement différemment. Avec Snoopy, on voulait redonner le sourire aux gens, et encore plus en ce moment où chacun est dans son monde, avec les téléphones, les réseaux sociaux, dans les transports en commun… C'est vrai, quand tu promènes ton chien dans la rue, tu manques souvent de bousculer quatre ou cinq personnes qui marchent la tête baissée sur leur portable !

Ce qui me marque, avec Snoopy, c'est qu'un chien, ça fait lever la tête. Je le vois à l'hôpital mais c'est pareil dans le quotidien. Bon, il faut dire que Snoop' est le chien le plus chou de la terre… Mais sans blague, un chien qui est mignon, qui a une bonne bouille, ça fait décoller les yeux du téléphone. Rien que ça, c'est un peu d'humanité, ça fait sortir les gens de leur sphère très individualiste. C'est quelque chose qui me frappe. Parfois tu te dis que c'est un peu triste d'en arriver là, que les gens ne le fassent pas naturellement. Mais si le chien peut provoquer ça, c'est chouette.

À l'hôpital, les patients parlent peu. Quand Snoopy arrive, tu vois un visage qui se détend, qui change, ils ont de la tendresse dans le regard. Ils disent « ah ! tiens, un chien ». C'est assez touchant. Ce petit pari de donner le sourire à l'hôpital grâce à Snoopy fonctionne hyper bien. Peut-être qu'on devrait compter le nombre de sourires qu'il provoque chaque jour !

Par exemple la semaine dernière on a été appelées, avec Hédi, dans la salle d'attente de radiothérapie qui se trouve au niveau -1. Apparemment l'appareil ne fonctionnait pas, et la tension montait parmi les patients. À ce niveau, il y a une sorte de jardin intérieur que Snoopy connaît très bien. Il est immédiatement attiré de ce côté-là pour jouer ou vérifier si par hasard un moineau ne se serait pas coincé dans une branche. Je lui explique que nous irons après avoir fait le tour des patients. Il comprend très bien et se concentre sur son travail. Sur le fauteuil du fond, un jeune homme me dit qu'il ne sait pas trop y faire avec les chiens et qu'il ne souhaite pas vraiment le caresser. En revanche, « rien que de le voir passer, ça fait du bien ».

Évidemment je suis heureuse de l'entendre, mais au-delà de ça, je suis contente de voir que la présence d'un chien amène réellement ce qu'on voulait au départ. Est-ce que c'est plus frappant parce qu'on est à Paris et que les gens sont encore plus autocentrés ? Je ne sais pas. On est dans une grande ville, il y a peut-être moins de solidarité, alors ajouter un peu d'humanité, de choses simples, c'est bon pour tout le monde et ça fonctionne.

Et ce qui est drôle, c'est que Snoopy ne s'en rend même pas compte. Certaines personnes s'inquiètent, se demandent s'il va bien, s'il ne prend pas trop d'émotions à sa charge. Mais nous avons de la chance. Parmi ses nombreuses qualités, il a celle d'être hyper adaptable, et comme le dit Caroline dans son habit de vétérinaire-éthologue, il va profiter de tout ce qu'il peut dans chaque situation. Par exemple lors de la séance d'interaction en radiothérapie, il va profiter des récompenses et du jardin intérieur. Il ne va pas avoir toujours les mêmes envies ou les mêmes réactions. C'est ce côté simple et spontané qui fait du bien aux gens.

# Dessine-moi un sourire

## HÉDI

Il y a deux choses vraiment cool avec la pédiatrie. D'abord il y a l'attitude des enfants. Ils attendent tellement Snoopy, c'est incroyable. La dernière fois, Pomme m'a fait la tête parce que je suis venue sans lui ! C'était trop mignon, mais sa mère est quand même venue s'excuser en me disant qu'elle avait un peu honte. Évidemment, pour moi, ce n'était pas un souci, pourtant elle a continué. Elle ne s'excusait pas pour Pomme mais pour elle-même ! Apparemment, c'était aussi sa première réaction quand elle m'a vue arriver toute seule. Pour un peu, je serais presque contente. Ça veut dire qu'on est vraiment pile dans la plaque. Franchement, ça fait plaisir.

Et puis il y a autre chose. Mine de rien, ces visites me font un peu déculpabiliser de ne pas le prendre à la maison. C'était hyper dur au début, mais là j'ai un objectif avec Snoopy à l'hôpital. Je suis utile avec lui à ce moment-là, et ça compte énormément.

Ce matin, l'ambiance est un peu moyenne. Il y a des semaines où l'on sent que tout le monde est en forme, mais là, ce n'est pas le cas. Les enfants n'ont pas trop la pêche. C'est un peu compliqué à gérer émotionnellement mais c'est justement le cœur de notre mission avec Snoopy. D'abord auprès des enfants et ensuite avec moi.

Je suis d'abord allée voir Luce. Avec elle, c'est un peu particulier car elle n'a jamais voulu approcher Snoop'. Elle l'avait aperçu une fois et en avait eu peur. En revanche, elle participe toujours aux ateliers. Tout ce qui peut la divertir est bon à prendre. Aujourd'hui elle le dessine d'après une photo. On fait souvent ça quand les enfants sont craintifs. Sa présence doit apporter de l'apaisement, pas du stress. Bref. Elle prend la photo et décide de ne reproduire que la silhouette. Elle en profite pour me dessiner à côté. Je suis très flattée, ça ne m'arrive quasiment jamais ! Elle me tend fièrement la feuille, où je distingue très clairement nos deux formes côte à côte. De l'art moderne, ça change, c'est cool.

Après la séance, elle s'approche de moi et me dit avec un large sourire qu'aujourd'hui est un grand jour. Je lui demande pourquoi, et elle pointe le pied à perfusion. « C'est ma dernière chimio. » J'ai devant moi une adorable petite fille qui m'annonce une super nouvelle avec un sourire qui fait trois fois le tour de sa tête… ça m'a fait un effet dingue. J'étais tellement contente pour elle, c'était hyper fort. Et paf, elle enchaîne : « Je sors vendredi, et vendredi, c'est l'anniversaire de mon papa, alors ça va être la double fête. » Voilà, c'est ça, la fête. La grosse fête avec des cotillons, des copains, des gâteaux et des cadeaux. Je reste là-dessus parce que sinon je m'écroule en larmes. Je suis un peu comme ça, moi. Quand je suis touchée, je suis vraiment touchée. Au moment où je me lève pour partir, elle me demande : « Est-ce que tu peux revenir demain avec Snoopy ? J'aimerais bien le voir avant de partir. » Cette petite fille vient de terrasser un monstre, elle a gagné, elle n'a plus peur de rien. Évidemment que je vais y retourner !

Je sors de la salle d'activité en souriant. Luce m'a fait le coup de l'ascenseur émotionnel mais elle me laisse sur une note ultra-positive. Je me dirige vers la chambre de Mario. J'ai fait sa connaissance cet été. À l'époque, il n'était vraiment pas au mieux. Aujourd'hui, il reprend du poil de la bête, ce qui fait plaisir à tout le monde, et à lui le premier. Il est plus ouvert, plus demandeur. Malheureusement il ne peut pas encore sortir de sa chambre, et Snoopy ne peut pas y entrer non plus. Qu'à cela ne tienne, le chien reste bien sagement devant la porte ouverte, et Mario profite de sa présence à distance. Il semblerait que les ondes « snoopiennes » soient très puissantes, parce que sa maman vient me voir pour me raconter une discussion qu'elle et son mari ont depuis quelques semaines. Apparemment, et je le constate aussi, Mario est plus détendu depuis que Snoopy s'allonge sur le seuil de sa porte. Il sourit, blague, redemande des choses dont il n'avait plus du tout envie. Résultat quasi automatique de Paola, la mère poule : elle veut adopter un chien. Mario n'est pas sans cesse à l'hôpital, et de toute manière il finira bien par rentrer. Ça se tient. Elle n'en démord pas. Paola est sicilienne, ce qui pimente considérablement la discussion, mais le père, qui n'est pas aussi emballé que sa femme, résiste encore un peu. L'avenir nous donnera le mot de la fin mais je dois avouer que cette série à suspense m'intéresse pas mal.

Actuellement, le débat court toujours. Paola essaye de convaincre les autres parents pour faire front mais son mari tient bon. Pas facile pour lui, d'autant plus que les autres mamans assistent régulièrement à des scènes assez craquantes. Les arguments vont et viennent, mais toujours avec le sourire. Cette fois, Snoopy a créé des liens, disons, enflammés !

# Bonnet d'âne

## ÉLODIE

Octobre 2024, Snoop' est avec nous depuis presque deux ans. Il est certes un auxiliaire de soins mais c'est avant tout un chien, un chien de chasse, de surcroît. Ce n'est pas anecdotique, car cela nous pose pas mal de problèmes au quotidien. Il aboie aussi beaucoup sur ses congénères. Dès qu'il croise un autre chien dans la rue, il donne de la voix et tire sur sa laisse façon *Kung Fu Panda*.

L'éducation s'entretient constamment, et, comme souvent lorsque nous avons des questions sur la meilleure façon de procéder, nous appelons Aurélie. Elle nous donne parfois des conseils à distance, ou alors elle se déplace pour une petite séance de rattrapage.

Comme convenu, elle arrive dans le bureau à l'heure du déjeuner, le plein de jambon est fait, tout est prêt, on descend. Évidemment, c'est quand on cherche des chiens qu'on n'en trouve pas. On passe finalement près d'un petit yorkshire mais ce genre de chiens attire peu Snoopy. Trop petit. Un peu plus loin, il repère un copain à sa mesure. Il tire dans un sens, et nous dans l'autre. Nous suivons les consignes d'Aurélie. On doit l'appeler, cliquer et le récompenser. OK, compris. Sauf que la laisse dans une main, le clicker et les dés de jambon dans l'autre, c'est impossible. Il va nous falloir trois bras. Ça promet.

Aurélie nous montre à nouveau comment faire. C'est désespérant. Avec elle, c'est clac, clac, clac. Ça marche nickel et sans bavure. Une dextérité pas possible. Mais on ne lâche pas l'affaire, on va réussir.

On avance, on recommence encore et encore. Snoopy s'habitue à la consigne et progresse vite. Pas nous. Les dés de jambon tombent par terre. Il faut les ramasser et suivre le rythme de la balade en même temps.

Isabelle essaye de marcher « naturellement », d'appeler Snoopy avec une voix aiguë, de cliquer et de le récompenser en s'écriant « bravooo », tout ça sans rigoler parce que, l'air de rien, c'est un véritable travail.

Après avoir sillonné le quartier de long en large, nous partons vers le jardin du Luxembourg. Il y a une partie réservée aux chiens. Nous trouverons peut-être de quoi nous perfectionner. Malheureusement lorsqu'on arrive, on croise les poneys. Oh ! misère. Snoopy ne sait plus où donner de la truffe. Poneys, chiens, poneys, chiens…

Snoopy, qui est malin comme pas deux, a bien compris que pour avoir une récompense il doit d'abord s'éloigner puis revenir. Donc il s'éloigne. Sauf que nous, on n'a plus de jambon, et en plus il faut qu'on retourne à Curie. On a bien rigolé mais là, Snoopy, il va falloir arrêter de faire l'andouille.

Ce n'est jamais simple d'organiser des moments d'entraînement de ce type, il faut dégager du temps dans nos journées chargées, et on sait que ces séances lui demandent beaucoup à lui aussi. Malgré tout, quand on voit le Snoopy des premiers jours et le Snoopy qui travaille avec nous, on se dit que cela en vaut la peine.

On décide de mettre fin à la séance, direction l'hôpital ! En rentrant il sera récompensé par une bonne sieste dans son panier de prince.

# L'appel à projets

## ISABELLE

L'histoire de Snoopy passionne les médias : sa bouille, le sourire des patients, et bien entendu les rouages qui font que tout cela fonctionne. Des plateaux télé à la presse en passant par Internet, il est partout. C'est parfois l'occasion de situations cocasses, ou de rencontres étonnantes mais c'est surtout un message qui se diffuse auprès des autres structures de santé.

Très peu de temps après la conférence de presse, de nombreux hôpitaux nous contactent, et dès lors, nous organisons des rendez-vous en visio. Beaucoup de visios. Vraiment beaucoup. Actuellement nous en sommes à quatre-vingts demandes de structures pour dupliquer le modèle de Snoopy. C'est formidable, évidemment, mais ça ne se fait pas en claquant des doigts.

À chaque fois, il faut expliquer le pourquoi et surtout le comment, car les questions sont nombreuses, et c'est bien naturel d'y répondre. Pour être efficace et faire gagner du temps à tout le monde nous publions un article dans la revue *Soins* qui est la revue infirmière de référence. On y détaille la procédure, l'encadrement, l'entretien, la sélection, l'organisation, le temps de travail et, naturellement, le bien-être.

Au cours des échanges avec nos différents interlocuteurs, on voit émerger des projets plus ou moins aboutis. Deux centres de lutte contre le cancer sortent du lot. Le Centre Léon-Bérard de Lyon et l'Institut Sainte-Catherine d'Avignon.

À Avignon, nous sommes en contact avec Léa. Son profil est intéressant car elle fait de la recherche clinique et est également vétérinaire de formation. De plus, elle éduque déjà un chien, ce qui nous en dit long sur sa motivation et la maturation du projet.

À Lyon, au Centre Léon-Bérard, nous avons une radiologue (qui a déjà passé son ACACED) et un chirurgien à la tête du projet. Cela fait plusieurs années qu'ils parlent de médiation animale. Leur réflexion est également bien avancée, leur projet est structuré, un groupe est déjà formé, bref, c'est solide. Ils sont plutôt motivés et sont même venus à Curie pour nous rencontrer et voir Snoopy. La direction a donné son accord et j'espère qu'ils vont bientôt adopter.

Dans un autre genre, le service de réanimation de l'hôpital Henri-Mondor de Créteil nous interroge pour un projet de « chien visiteur ». Ah. Qu'est-ce qu'un chien visiteur ? C'est le chien personnel des patients, et selon le projet d'Henri-Mondor, il serait accueilli suivant des modalités bien précises, afin de lutter contre le stress post-traumatique lié à un séjour en réanimation.

Au départ, je réponds que ce n'est pas du tout la même idée. Certes, il s'agit bien de chien, cependant la démarche et le fonctionnement sont différents. Mais en faisant un pas de côté, je réalise que ce n'est pas si éloigné que ça. On parle de faire entrer un chien à l'hôpital avec les problèmes d'hygiène, de créer un circuit, faire des fiches, pour s'assurer que le chien ne va pas générer de problèmes en réanimation, organiser les visites (un chihuahua et un dog allemand en même temps, ça risque de faire des étincelles), etc.

Finalement nos questionnements se recoupent. Et dans tous les cas, que faut-il ? de l'argent ! Eh oui ! Nous avons alors plusieurs solutions. Soit répondre à un appel à projets en notre nom seul, soit déposer un projet groupé. Le choix est très vite fait. Une étude clinique ne se fait jamais seule. Ce qui est exposé ne doit pas être lié à ton équipe, ton chien, ton hôpital. Ton étude doit démontrer que n'importe quel chien, n'importe quelle équipe (sous couvert de conditions) peut répéter le même effet dans son hôpital. D'où l'étude multicentrique. Mais attention, le résultat peut être différent selon les patients. Le même chien ne fera pas le même effet à un patient psy, en fin de vie ou en insuffisance rénale. Les contextes de soin et les risques sont différents. On parle soit d'angoisse, soit de mort, soit de souffrance. Donc il faut être multicentriques *mais* homogènes dans la population étudiée.

Maintenant que nous avons identifié les centres compatibles, nous décidons de les aider, et je dépose un dossier d'appel à projets à la Fondation Royal Canin en nos quatre noms : Curie, Avignon, Léon-Bérard et Henri-Mondor. Le dossier s'appelle Hospidog.

La Fondation Royal Canin est évidemment reliée à l'entreprise mais sa mission est différente. Elle soutient financièrement les projets qui ont trait aux animaux de compagnie et à leur impact sur la santé et le bien-être des humains. Lorsqu'un projet arrive sur leur bureau, il passe par plusieurs étapes de correction puis est soumis au vote de tous ses salariés. Et il y en a tout autour du globe ! Autant dire que ça fait pas mal de monde à convaincre.

Puisque nous détaillons les modalités de fonctionnement d'un chien auxiliaire de soins, cela prend en compte le temps que nous passons à ses côtés et donc… le poste supplémentaire que nous devons rémunérer. Laure est devenue indispensable. Sans elle nous serions constamment débordés. Il faut absolument que nous gagnions cet appel à projet pour qu'elle puisse rester.

Quatre axes seront traités :

**Une étude qualitative**

Elle va permettre de déterminer les leviers qui font qu'une direction valide ou non un chien à l'hôpital. En gros, nous cherchons à étudier le côté aléatoire d'une décision. Certains dirigeants aiment ou n'aiment pas les animaux. Le oui ou le non ne sont pas rationnels mais passionnels, comme tout ce qui concerne les projets homme-animal. Pour ce volet nous faisons appel à l'expertise de Cynthia, ergothérapeute et chercheuse.

**Une charte du bien-être animal rédigée par des vétérinaires**

Le bien-être animal est une préoccupation majeure. Un chien qui va mal travaille mal. Qu'il soit auxiliaire de soins ou chien visiteur, il ne doit pas être soumis au stress. Alors comment faire ? C'est là qu'intervient Caroline notre éthologue référente.

**Un volet consacré à l'hygiène**, avec l'édition de recommandations

Il s'agit de diffuser le travail scientifique de Louise[23] afin que tout le monde connaisse les précautions à prendre quand un chien vient à l'hôpital, et que personne n'ait peur de choses qui n'existent pas. Par ailleurs, ce travail peut servir à d'autres chiens d'assistance à qui on interdirait l'entrée par crainte d'allergie, champignon, infection…

**Le recueil de données en vue d'une étude clinique**

Et enfin le recueil de données, ou d'informations, si vous préférez. C'est ce qu'il y a de plus difficile car on ne peut pas faire d'étude avant-après intervention. Les interactions sont soit trop furtives, soit disséminées. Snoopy se balade en salle d'attente, les têtes se lèvent du portable, les gens se mettent à discuter, sourient. Un sourire ne dure que quelques secondes mais peut faire un bien immense dans une journée ou dans un moment angoissant. Alors capter l'intérêt d'un sourire, waouh, pas facile ! Pourtant ce travail est indispensable car à l'heure actuelle il n'y a que très peu de littérature scientifique sur le sujet.

Nous rédigeons notre dossier tous ensemble. C'est un moment à la fois long et laborieux. Il faut être rigoureux et structuré, ce qui est la moindre des choses lorsqu'on demande de l'argent. Nous échangeons énormément, et malgré la lourdeur du travail à accomplir il en sort

---

23. Pour rappel, Louise Destailleurs alors étudiante à l'ENVA avait rédigé un protocole sanitaire, voir p. 236.

quelque chose d'assez agréable : nous apprenons à tous nous connaître. Une étape indispensable lorsqu'on s'apprête à collaborer pendant deux ou trois ans. Encore une fois, grâce à Snoopy des liens se tissent, et désormais à des kilomètres de Curie !

# Madame Y.

## MAXIME

Nous accueillons parfois des personnes qui ont tardé à venir consulter ou ne souhaitaient pas être traitées pour leur cancer. Ça arrive. Chacun a ses raisons. La vie n'est pas toujours facile. Nous, nous sommes là pour prendre soin d'eux, quels que soient leurs parcours.

Certains de ces patients arrivent jusqu'à nous car, à force d'avoir attendu, leur tumeur a évolué et forme une plaie. Ces plaies peuvent couler, sentir mauvais, saigner, provoquer des douleurs. Ce sont ces symptômes qui vont finalement les amener à consulter, un peu malgré eux. Pour les soulager, nous allons leur proposer de la chimiothérapie, une chirurgie, ou des associations de traitements avec de la radiothérapie. Exactement ce qu'ils ne souhaitaient pas, donc c'est toujours difficile pour eux. À nous d'assurer les soins et leur accompagnement.

Lorsque Madame Y. arrive à Curie, elle est dans un état, disons, très moyen, et l'oncologue décide de l'hospitaliser. Son séjour se passe mal. Ses relations avec le personnel soignant sont tendues. Elle est vindicative, sèche, réticente. Le dialogue est difficile. Chaque question de la part de l'équipe soignante est suivie d'une réponse qui n'appelle aucune discussion. Il ne leur reste qu'à sortir et à fermer la porte. Pas facile, même avec la meilleure volonté du monde.

Étant donné qu'elle a une plaie, je suis appelé pour mettre un protocole de soins en place. Lorsque j'entre dans sa chambre, la première chose que je remarque, c'est évidemment son apparence. Tout comme sa plaie, Madame Y. s'est laissée aller. Ses vêtements et ses cheveux sont sales, ses affaires personnelles, très simples et défraîchies. J'apprends par la suite qu'elle vit dans un tout petit appartement avec son grand fils, sur ses seules allocations.

Dans ses yeux, je lis un air de défi qui se confirme très vite par un humour acéré. Cette femme teste son interlocuteur. Un système de défense, sans doute. Pas de problème. J'ai déjà vécu pas mal de situations compliquées. Je décide d'engager la conversation, et pour lancer la machine, je pars sur le terrain des animaux. On verra bien ce qui en ressort.

C'est alors que j'apprends qu'elle a un chat.

« Ah bon, vous avez un chat ?

— Oui, et il me manque terriblement.

— Je comprends. Et qui s'en occupe actuellement ? (Je sais très bien que c'est son fils.)

— C'est mon fils.

— Ah ! parfait, alors il est sécurité. »

Elle reste silencieuse. J'enchaîne : « Vous ne le savez peut-être pas mais nous avons un chien ici, à Curie. Il s'appelle Snoopy. »

Je sens qu'elle se détend et qu'elle commence à réellement s'intéresser à ce que je lui raconte.

« Ah bon, vous avez un chien ? Non, je n'étais pas au courant.

— Est-ce que vous aimeriez le voir ? Est-ce que ça vous ferait plaisir ?

— Oui, je veux bien.

— Pas de problème, je fais l'aller-retour et je remonte. »

Quelques minutes plus tard nous nous retrouvons à l'extérieur de sa chambre. Je comprends que cette femme fait partie de ces patients qui ont besoin d'affection, et que cette affection, ils la ressentent à travers les animaux. Pourquoi ? Parce que les animaux ne jugent pas. Peu importe qui tu es ou à quoi tu ressembles, si tu es gentil avec moi, je suis gentil avec toi. Basta.

La première chose que fait Snoopy, c'est lui dire bonjour et lui faire un gros câlin. Le contact est passé et même très bien passé. Une autre patiente arrive. C'est normal, il y a de l'animation dans les couloirs de l'hôpital. Elle adore les chiens et vient spontanément à notre rencontre. La discussion s'installe naturellement, sans chichis, et Madame Y. participe sans sortir les griffes.

Quand nous sommes à nouveau seuls, je m'aventure un peu sur le terrain personnel. Je lui demande comment elle va. C'est là qu'elle me raconte tous ses problèmes sociaux. Les difficultés pour payer le loyer, l'inquiétude qui est la sienne quand elle laisse son fils et son chat chez elle. Elle vide son sac tout en gardant les yeux sur Snoopy qui reste bien sage à nos pieds.

De mon côté, je lui propose de faire intervenir une assistante sociale. Si personne ne l'avait fait avant moi, c'est parce qu'elle ne s'était jamais confiée. Cette colère vis-à-vis de l'oncologue ou des infirmières, ce n'était ni de la défiance, ni de la méchanceté, c'était simplement de l'inquiétude. La batterie d'examens qu'elle devait subir pour déterminer quel cancer avait causé sa plaie et comment le traiter était également très angoissante. Comment ne pas la comprendre ?

Pendant l'hospitalisation, je passe régulièrement avec Snoopy. Les infirmières sont soulagées. Leurs rapports sont plus doux, plus fluides. Elle a toujours son petit caractère, mais on est loin de la Madame Y. des débuts.

Cela fait maintenant sept ou huit mois que je la suis. Dès que j'arrive pour les soins, la première chose qu'elle me dit, et ça ne change jamais, c'est : « Comment va Snoopy ? » Ce n'est qu'après qu'elle me donne de ses nouvelles ou qu'elle prend des miennes. Snoopy d'abord.

Elle suit des protocoles de chimio assez lourds, mais chaque fois que je la croise, elle ne manque jamais de me donner la date de son prochain rendez-vous. « Je reviens dans quinze jours, j'espère que je pourrai voir Snoopy. » Les effets des traitements sont hyper durs à encaisser, ça fatigue énormément et elle a perdu ses cheveux. On ne peut pas dire des choses comme ça si on n'a pas une vraie motivation.

Pour moi, c'est très fort. Je suis beaucoup de patients et de patientes mais je dois avouer que celle-ci m'a particulièrement touché. Peut-être à cause de ses conditions de vie, je ne sais pas. Peut-être aussi à cause de la réticence et de la défiance qu'elle montrait à son arrivée. Sa façon de rejeter le dialogue et de ne pas croire aux traitements, de lancer des phrases du type : « De toute façon, ça ne sert à rien, votre chimio. » C'est un profil de patient qui demande de l'attention, de l'écoute. Je ne sais pas comment le dire, mais ça forme un tout.

Je vais un peu grossir le trait, mais c'est un peu comme les personnes en marge qu'on croise dans la rue. À première vue, la très large majorité des gens n'a pas envie d'aller leur parler. Parfois on aurait même tendance à changer de trottoir. Mais quand tu prends la peine de creuser, tu réalises que ce sont des femmes et des hommes qui ont besoin d'échanger, besoin d'humanité, de gentillesse tout simplement.

Entre Snoopy et Madame Y., il se passe quelque chose de particulier, et il suffit d'ouvrir les yeux pour voir qu'ils ont un rapport très doux, très simple. Moi, j'adore. Je crois que Snoopy l'aide vraiment à aller mieux, à tous points de vue. Au fond de moi, je pense que s'il n'était pas là, elle ne reviendrait pas.

# Joyeux anniversaire

## ÉLODIE

Sept décembre 2024 : cette année, comme l'année dernière nous fêtons l'anniversaire de Snoopy. La seule différence, c'est que cette fois nous en profitons pour fêter aussi celui de Maxime. Dans les deux cas, c'est très sympa, mais il faut bien l'avouer, Snoopy lui a totalement volé la vedette.

Cette soirée, c'est l'occasion de faire un bon dîner d'équipe avec tous les référents. L'année dernière, raclette, cette année, mont-d'or. J'ai comme l'impression qu'on aime le fromage. Est-ce qu'on peut parler de tradition quand on fait deux fois la même chose à la même occasion ? Je ne sais pas, quoi qu'il en soit, Snoopy a encore reçu son steak d'anniversaire. Un magnifique steak haché, présenté comme il se doit avec deux bougies dessus. La première fois, il a été tellement surpris qu'il a marqué un mini-temps d'hésitation avant de se jeter dessus. Il nous a regardés d'un air de dire « c'est vraiment pour moi ? » Trop mignon. Il ne comprend pas trop pourquoi on est tous autour de la gamelle à chanter (faux) et à applaudir, mais il a l'air content. C'est le principal. Je crois qu'en lui offrant ce steak on se fait aussi un peu plaisir ! Maxime, lui, a eu droit à un gâteau. Il ne faut pas exagérer.

Snoopy a reçu un oiseau en tissu de la part de Moustaches[24]. Énorme succès. Il l'a attrapé comme s'il venait de le chasser, et l'a posé près de lui dans son panier pour que personne ne vienne lui chiper. C'est son pigeon.

Cet anniversaire, c'est aussi l'occasion de se dire que Snoopy est là depuis maintenant deux ans, et que cette histoire, un peu folle au départ, fonctionne. Il y a des moments faciles, d'autres moins, des moments vraiment chouettes aussi, et c'est assez fou de voir qu'on arrive à s'organiser, à faire en sorte que tout roule. Il va voir pas mal de monde dans l'hôpital, les gens sont contents quand il arrive, les patients en profitent bien. Deux ans ! C'est vraiment une sacrée aventure, et on est heureux que ça puisse continuer.

24. Le comptoir des chiens et chats. https://www.moustaches.fr/

# Monsieur B.

## ÉLODIE

Monsieur B. a un peu plus de 80 ans. Son diagnostic est récent, et forcément, quand on a soufflé autant de bougies sans trop d'encombre, ça fiche un sacré coup. Sans compter la fragilité due à l'âge. Il vient aujourd'hui pour sa consultation, et malheureusement ses analyses laissent penser qu'il y a une petite infection. Impossible de lui poser sa chimio dans ces conditions, et le médecin décide de l'hospitaliser. Dit comme ça, on pourrait croire que le plus déroutant, c'est de ne pas avoir pris de brosse à dents, mais bien évidemment, non. Les patients qui viennent en consultation sont tous plus ou moins anxieux, plus ou moins combatifs, ils ont chacun leur caractère, mais une chose les rassemble : ils ne veulent pas s'éterniser ici. Ils savent qu'après le traitement viendront les effets secondaires. C'est inévitable mais c'est la maladie. C'est comme ça. Les analyses, le rendez-vous, la consultation, le traitement et tout ce qui s'ensuit, c'est déjà pénible. Donc quand vous arrivez à 14 heures, que vous imaginez sortir vers 16 heures et qu'on vous annonce que, « non Monsieur, on vous prépare une chambre pour la nuit », je peux vous assurer que ce n'est pas à votre brosse à dents que vous pensez en premier.

La panique s'invite instantanément. D'abord chez Monsieur B., qui se demande quel genre d'infection peut bien justifier une telle décision. Puis chez Madame B., qui veille sur son mari comme sur du lait chaud. Le couple prend l'ascenseur jusqu'au 4e étage, chambre 412. Je les y retrouve pour le soin de cette toute petite plaie. C'est pour éviter qu'elle ne se transforme en plaie chronique que j'ai été appelée. Voilà comment je fais la connaissance de ce gentil monsieur.

Dès le début des soins, il se met à parler. Son anxiété le pousse à combler le vide, à meubler le silence. C'est assez fréquent. Il me parle de sa vie, de son passé et en vient très naturellement à évoquer ses bergers allemands. Apparemment il en avait plusieurs et les aimait énormément. Inutile de préciser à qui j'ai immédiatement pensé… Je termine mon soin et lui propose de revenir le jeudi suivant avec Snoopy. Je sens que cette idée le réjouit mais malheureusement je ne peux pas lui donner d'heure car le planning est déjà chargé. Nous nous verrons jeudi après-midi, promis.

Jeudi arrive. Je toque à la porte de la chambre de Monsieur B.

« Entrez. »

J'ouvre, mais je reste sur le seuil. « Quelqu'un est venu vous chercher mais il faut vous lever. Venez voir. »

Il s'assied sur son lit et nous aperçoit devant la porte. Un immense sourire se dessine sur son visage. Il décide alors de se lever, avec autant de motivation que de précaution. Nous sommes à présent réunis dans le couloir, assis côte à côte, Snoopy à nos pieds. Monsieur B. n'en finit pas de le regarder. Il le trouve tellement beau. Puis il me raconte.

Lorsqu'il était plus jeune, il vivait en Algérie. Il était dresseur de chiens. Pas par nécessité, non. Par passion. Il a continué quelque temps après son arrivée en France mais ses meilleurs souvenirs sont à Alger. Il me décrit la ville, ses bruits, ses odeurs, sa maison, le centre d'entraînement baigné de soleil, et me parle longuement de ses chiens. Cet homme les adore véritablement.

Puis, pour voir s'il n'a pas perdu la main, il se met à donner des ordres à Snoopy en allemand. Je ne suis qu'à moitié surprise ; je sais qu'il arrive aux cynophiles d'utiliser cette langue car elle serait mieux saisie par les chiens pour exécuter certains ordres. Malheureusement pour Monsieur B., Snoopy ne comprend que le français. Aucune importance, il change de lexique et lui demande de s'asseoir, donner la patte, etc. Je vois bien qu'il s'amuse. Il retrouve à la fois son passé et la joie de communiquer avec le chien.

Lorsque le jeu s'arrête, il se tourne vers moi, les larmes aux yeux. Il déborde d'émotion. Cela fait des années qu'il ne parle plus de cette période. Un peu comme si c'était une autre vie. Non pas qu'il en ait honte, mais il n'a pas l'occasion de le faire. C'était au siècle dernier, et il y a des sujets plus actuels pour nourrir les conversations en société. Ça lui fait tellement plaisir d'avoir pu en discuter avec moi.

Lorsqu'il me raconte tout ça, il fait pas mal de pauses. L'émotion est là, tout près. Il y a l'évocation de son passé, joyeux et parfois un peu difficile puisqu'il a dû quitter l'Algérie ; il y a la perspective de sa sortie d'hôpital qui l'angoisse un peu ; et puis il y a ses œillades appuyées sur Snoopy. J'ai parfois l'impression qu'elles l'aident à aller plus loin. Qu'elles le soutiennent moralement, et dans son récit.

C'est peut-être une interprétation personnelle, mais je pense que si l'émotion est si forte, c'est aussi parce que Monsieur B. traverse une période qui est difficile pour tous les malades du cancer. Je m'explique : il y a à peine quelques semaines, sa plaie était minuscule et guérissait toute seule ; aujourd'hui il est à l'hôpital et a besoin d'une infirmière pour éviter qu'elle ne s'aggrave. Pour lui comme pour tous les patients, c'est une phase où ils perdent un peu confiance en eux, où ils pensent que leur corps est défaillant, inutile, où l'estime de soi est blessée.

Lorsqu'il me parle de son passé de dresseur, il prononce ouvertement le mot « fierté ». Il me dit à quel point le travail pouvait être difficile avec certains chiens. Je le vois sourire parce qu'il gagnait toujours la partie. Évoquer quelque chose de très positif dans un contexte où son corps le lâche un peu, où on lui rabâche que l'âge ne joue pas en sa faveur, lui fait du bien à ce moment-là. Objectif atteint.

Nous devons malheureusement nous quitter. Monsieur B. fait une dernière grattouille sur le cou de Snoopy puis retourne dans sa chambre. Assis sur son lit, il nous voit encore sur le pas de la porte. Nous échangeons un salut de la main. Mais nous savons tous les deux que nous venons d'échanger bien plus que ça.

# Snoopy & co

## ISABELLE

Après le dépôt de l'appel à projets, nous ressentons une sorte de stress. Je ne peux pas dire qu'on a créé un besoin, mais soyons honnête, si on ne gagne pas, ce sera beaucoup moins bien !

Une chose est certaine, on a fait le maximum. Le projet a été travaillé en équipe avec les autres centres, et désormais il n'est plus entre nos mains. Ce qu'il nous faut maintenant, c'est un peu de patience.

Quelques mois plus tard nous recevons des nouvelles de la Fondation. Ils souhaitent des précisions, puis des corrections. Le dossier avance, passe des étapes et se dirige vers le moment redouté de l'oral. Pour cela nous tournons une petite vidéo qui sera diffusée pendant notre présentation, devant le jury et les équipes concurrentes. C'est assez terrible. Chacun voit les projets des autres. Je ne peux pas dire ce qu'ils pensent d'Hospidog mais, de mon côté, je les trouve tous intéressants. Si j'avais fait partie du jury, j'aurais été très embêtée. Tous ces petits films ont comme point commun de réunir l'homme et le chien, c'est très émouvant, chargé d'humanité. Comment choisir entre des chiens en Ukraine et des chiens en pédiatrie ? Ils sont tous destinés à aider des humains en difficulté.

Une fois que l'oral est passé, il ne reste plus qu'à attendre le résultat des votes. L'intensité monte encore d'un cran. Non seulement il y a celui du jury, mais il y a également celui de tous les salariés de Royal Canin dispersés à travers le monde. Il faut faire marcher notre maigre réseau (qui sait si un salarié chinois ou américain ne me suit pas sur Linkedin ?) et croiser les doigts pour que notre exposé les ait convaincus.

La vie reprend donc son cours même si je reste soucieuse. Sans cet appel à projets, nous allons être en difficulté pour financer le poste de Laure. Or l'activité a augmenté, et même si on adore notre Snoopy, le faire travailler nous prend du temps. On aimerait être partout pour les patients, mais nos journées ont les contraintes d'une horloge et on ne peut pas tout faire. Bref, si ça ne marche pas, il faudra trouver autre chose, faire une vente de gâteaux ou que sais-je. Comme à chaque attente, ça mouline souvent le soir dans ma tête. Dans ce cas je m'endors avec des podcasts pour penser à autre chose, et pendant cette période j'en ai dévoré pas mal.

La décision arrive et abrège enfin mon angoisse : nous avons été choisis. Énorme soulagement, et grande fierté aussi. Le poste de Laure est pérennisé, et cette bonne nouvelle nous libère. Grâce à cet appel à projets, nous pouvons nous concentrer sur notre travail à Curie et sur notre étude.

À terme, le but serait de créer, avec les autres équipes, un label Hospidog. Un label qui garantit que toutes les conditions sont réunies pour accueillir un chien à l'hôpital, qu'il soit auxiliaire de soins ou visiteur, dans le respect du bien-être animal. Car l'animal n'est pas un robot, et dans une société où tout va si vite, où les carrières sont devenues courtes, où l'on zappe, clique et like, la vigilance doit être de rigueur.

Par ces travaux, nous espérons ouvrir une brèche, sur des bases scientifiques solides qui auront évalué les bénéfices mais aussi les limites de l'intégration d'un chien au sein des équipes de soins. L'idée est évidemment que beaucoup d'autres patients et d'autres soignants puissent se réjouir comme nous d'avoir « leur Snoopy ». L'organisation que cela impose doit également être claire.

Le défi reste entier pour l'équipe. Nous sommes soudés mais nous avons aussi conscience que cet équilibre repose sur la cohésion de notre groupe, dans lequel chacun a une place essentielle. Il ne suffit pas de prendre soin de Snoopy, il faut également veiller sur chacun d'entre nous pour que l'aventure puisse continuer.

Snoopy a 4 ans et c'est lui qui donne le tempo. Alors tant qu'il aimera aller à la rencontre des patients, des aidants, des soignants, nous serons près de lui dans les couloirs de l'Institut Curie.

# CONCLUSION

J'ai toujours été fascinée par le monde médical. Soigner, guérir, chercher, connaître les secrets du corps. Malheureusement mon niveau en math était inversement proportionnel à mes ambitions scientifiques, et j'ai rapidement rangé cette histoire dans le carton des rêves. Cependant, même si de nombreuses connaissances m'échappent, je ne tourne pas le dos à cette passion. Cette immersion au cœur de l'équipe d'Isabelle était à la fois une mission délicate et un plaisir intense. Il y a dans leur approche du vivant quelque chose à la fois professionnel et inlassablement humain. Certaines de nos conversations m'ont éclairée sur ma propre vie, qui se joue fort heureusement hors de leurs murs. Il n'y a pas que la maladie. Snoopy fait émerger ce qui nous rassemble. Il nous parle de sentiments, d'envies, de souvenirs, de plaisir, de joies, de repos, de calme, de fatigue, d'amitié, de fidélité, de lien et de tant de choses qui nous sont communes à tous.

Actuellement on estime que six Français sur dix possèdent un animal de compagnie. C'est deux fois et demie plus qu'en 1976. Les boutiques et autres lieux spécialisés poussent comme des champignons, ce qui confirme on ne peut plus clairement la place prépondérante de ces animaux parmi la population. Ils sont des compagnons de jeu, des soutiens, des confidents, des présences constantes et heureuses. Cependant on sait désormais qu'ils peuvent aller plus loin, et de nombreux domaines font appel à leurs talents. Nous avons évoqué les chiens de détection de la police, ou les guides pour aveugles. Certains chiens assistent également les personnes épileptiques, diabétiques, autistes, d'autres travaillent dans les tribunaux judiciaires pour faciliter le témoignage des victimes lorsqu'elles sont traumatisées (souvent par une agression), d'autres encore viennent en renfort de la gendarmerie lors d'enquêtes criminelles, ou aident à extraire des skieurs pris dans des avalanches. On connaît les bienfaits apportés par les animaux de médiation, que ce soient les chiens, les chevaux ou autres, c'est d'ailleurs à ce sujet qu'il y a le plus d'études à ce jour. En revanche, on connaît moins les talents de détection des rats, eh oui, les rats ! Et puis bien sûr, il y a notre Snoopy, qui a ouvert la voie aux auxiliaires de soins. Toute cette diversité montre combien l'animal est présent en dehors de la sphère strictement domestique.

Faire équipe avec un animal, c'est apprendre à fonctionner avec une intelligence différente, qui nous surprend, car le chien, contrairement à l'humain, va toujours au plus simple. C'est d'ailleurs assez intéressant de voir que dans une société où l'intelligence artificielle prend de plus en plus de place, rien ne peut supplanter l'attrait vers un être vivant, affectueux et parfois imprévisible. Ainsi, alors que le *high tech* se développe à toute vitesse, il nous amène de façon quasi instinctive à nous questionner sur la place accordée au *low tech*.

Cette complémentarité est rassurante à plus d'un titre. D'abord elle montre que le rapport à la nature et au reste du vivant est crucial et doit être au cœur de nos réflexions. La fluidité est nécessaire. Pour KDOG, par exemple, les chiens ont aidé à découvrir l'odeur du cancer, avant de passer le relais aux machines. Afin de ne pas sombrer dans un techno-solutionnisme extrême, les avancées devront se nourrir des deux apports.

J'ai envie de croire que l'avenir est encourageant. Des liens se nouent entre les hommes, autour, grâce ou avec les animaux. Nous n'en sommes pas à éradiquer le cancer ni les mauvaises pensées mais petit à petit, comme le colibri de Pierre Rabhi, grâce à des gens comme Isabelle, Élodie, Marguerite, Maxime et Hédi, le monde avance et se porte un peu mieux. Bientôt de nouveaux chiens viendront aider de nouveaux soignants, qui viendront aider de nouveaux patients.

Et qui sait quelle sera leur prochaine idée. Sur quel problème vont-ils poser leurs yeux ? Quelle sera leur solution inattendue ? Vivement la suite…

**Isabelle, Marguerite, Maxime, Élodie et Hédi**

Un grand merci :

aux patients (petits et grands) de l'Institut Curie qui donnent du sens à ce que nous faisons,

à nos familles et amis proches qui nous soutiennent dans nos drôles d'aventures,

à notre Direction et à nos collègues qui ont si bien intégrés Snoopy à leur côtés,

aux soutiens qui ont permis à ce projet d'exister : Royal Canin, Truffaut, Yohann Latouche, Corinne de Conti.

**Sandra**

Merci à Élodie pour sa clarté, son sourire et son super sandwich (championne), à Hédi pour ses royaux efforts (*in Bern we trust*), à Isabelle d'être sincèrement et joyeusement dans ma vie, à Marguerite pour sa disponibilité de chaque instant, sa gentillesse et ses doigts de fée, et enfin à Maxime pour sa confiance qui m'honore. Il faudrait un livre entier pour vous dire à quel point j'étais heureuse d'être parmi vous pendant ces quelques mois d'écriture.

Merci à Lama et Bérénice pour cet heureux ping-pong et à Yann d'avoir lancé la balle.

Et enfin, merci à mes proches pour leur patience car ils n'ont pas fini d'entendre parler de Snoopy.

## Le livre sur le projet KDOG

Fromentin I. avec Kollender S., *Blouse blanche & poils de chiens*, La Martinière, 2018.

## Les articles scientifiques auxquels a collaboré l'équipe

Fromantin I., Destailleur L., Cheron M., Labedade É., Gilbert C., « Intégration d'un chien "auxiliaire de santé" à l'hôpital : l'expérience de l'Institut Curie », *Soins*, juin 2024, vol. 69, n° 886, p. 13-17.

Maurice C., Engels C., Canouï-Poitrine F., Lemogne C., Fromantin I., Poitrine E., « Dog ownership and mental health among community-dwelling older adults: A systematic review », *International Journal of Geriatric Psychiatry*, novembre 2022, vol. 37, n° 11.

Maidodou L., Clarot I., Leemans M., Fromantin I., Marchioni E., Steyer D., « Unraveling the potential of breath and sweat VOC capture devices for human disease detection: a systematic-like review of canine olfaction and GC-MS analysis », *Frontiers in Chemistry*, novembre 2023, vol. 11.

Bauër P., Leemans M., Audureau E., Gilbert C., Armal C., Fromantin I., « Remote Medical Scent Detection of Cancer and Infectious Diseases With Dogs and Rats:

A Systematic Review », *Integrative Cancer Therapies*, janvier-décembre 2022, vol. 21.
Thuleau A., Gilbert C., Bauër P., Alran S., Fourchotte V., Guillot E., Vincent-Salomon A., Kerihuel J.C., Dugay J., Semetey V., Kriegel I., Fromantin I., « A New Transcutaneous Method for Breast Cancer Detection with Dogs », *Oncology*, 2019, vol. 96, n° 2, p. 110-113.

## La thèse d'Hédi

Chabanol H., « Processus de vieillissement cutané prématuré et toxicités cutanées induits par les traitements anticancéreux systémiques (chimiothérapie, thérapie ciblée, immunothérapie, hormonothérapie) chez les patients traités pour un cancer du sein à partir des données de l'étude DERMACLIC », thèse de Santé publique, recherche clinique, sous la direction d'Isabelle Fromantin, Paris 12 [en cours]. Voir : https://theses.fr/s384993

## Les travaux de Louise dans le cadre de son travail de recherche

Destailleur L., « Protocole sanitaire du chien "auxiliaire de soins". Guide pratique à destination des vétérinaires et soignants encadrants », École nationale vétérinaire d'Alfort, avec la participation de : Pr Gilbert Caroline, Pr Risco-Castillo Veronica, Mammeri Mohamed, parasitologue ; Dr Ribeiro Dos Santos Natalia.

# TABLE DES MATIÈRES

**Direction :** Didier Férat
**Direction éditoriale :** Lama Younès-Corm
**Édition :** Bérénice Taveau
**Correction :** Judith Lévitan
**Couverture :** Julia Phillips
**Mise en pages :** Littopia
**Fabrication :** Laurence Duboscq

**Photographies :** © Sandra Legrand pour la couverture
et les pages 1, 3, 4 et 8 du cahier photo,
© *Musée Curie (coll. ACJC)* pour l'illustration 10 de la page 6
du cahier photo, © D.R. pour le reste du cahier photo



Solar, un département d'Édi8
92, avenue de France
75013 Paris

Tél. : 01 44 16 09 00
Courriel : info@lisez.com
Site Internet : www.lisez.com

ISBN : 978-2-263- 19045-2
Code éditeur : L19045/01
Dépôt légal : mai 2025
Achevé d'imprimer en avril 2025
par Normandie Roto en France. (2501510)